全国科学技术名词审定委员会

科学技术名词·自然科学卷（全藏版）

9

海峡两岸昆虫学名词

海峡两岸昆虫学名词工作委员会

国家自然科学基金资助项目

科 学 出 版 社

北 京

内 容 简 介

　　本书是全国科学技术名词审定委员会、台湾"中华昆虫学会"共同组织海峡两岸昆虫学专家会审的海峡两岸昆虫学名词对照本，是在海峡两岸各自公布名词的基础上加以增补修订而成。内容包括昆虫分类与进化、昆虫外部形态、昆虫内部构造、昆虫发育与生活史、昆虫生态学、昆虫行为与信息化学、昆虫生理与生化、昆虫毒理与药理、昆虫病理学及蜱螨学，共约 4000 条。书末附有两岸主要农林害虫名称、两岸检疫规定的害虫名录和两岸保育昆虫种类名单。本书供海峡两岸昆虫学界和相关领域的人士使用。

图书在版编目（CIP）数据

科学技术名词. 自然科学卷：全藏版 / 全国科学技术名词审定委员会审定.
—北京：科学出版社，2017.1
　ISBN 978-7-03-051399-1

　I. ①科… 　II. ①全… 　III. ①科学技术–名词术语 ②自然科学–名词术语
　IV. ①N61

中国版本图书馆 CIP 数据核字（2016）第 314947 号

责任编辑：高素婷 / 责任校对：陈玉凤
责任印制：张　伟 / 封面设计：铭轩堂

科学出版社 出版
北京东黄城根北街 16 号
邮政编码：100717
http://www.sciencep.com

北京厚诚则铭印刷科技有限公司印刷
科学出版社发行　各地新华书店经销
*
2017 年 1 月第　一　版　　开本：787×1092 1/16
2017 年 1 月第一次印刷　　印张：15 7/8
字数：370 000
定价：5980.00 元（全 30 册）
（如有印装质量问题，我社负责调换）

海峡两岸昆虫学名词工作委员会委员名单

大陆昆虫学名词工作委员会委员名单

主　任：钦俊德

副主任：张广学　　孙　枢　　钟香臣

委　员（按姓氏笔画为序）：

丁　翠　　王荫长　　王慧芙　　王曙光　　古德祥

印象初　　刘友樵　　刘孟英　　李典谟　　李绍文

吴厚永　　冷欣夫　　陈永林　　杨星科　　郑乐怡

赵建铭　　姜在阶　　郭予元　　黄大卫　　虞佩玉

秘　书：杨星科(兼)　　高家祥　　高素婷

台灣昆蟲學名詞工作委員會委員名單

主　任：周延鑫

委　员（按姓氏筆畫爲序）：

朱耀沂　　吳文哲　　林政行　　林飛棧　　周梁鎰

徐爾烈　　黃坤煒　　曹順成　　葉金彰　　彭武康

楊曼妙　　路光暉　　詹美鈴　　劉玉章　　謝森和

謝豐國　　羅干成　　顧世紅

序

　　科学技术名词作为科技交流和知识传播的载体,在科技发展和社会进步中起着重要作用。规范和统一科技名词,对于一个国家的科技发展和文化传承是一项重要的基础性工作和长期性任务,是实现科技现代化的一项支撑性系统工程。没有这样一个系统的规范化的基础条件,不仅现代科技的协调发展将遇到困难,而且,在科技广泛渗入人们生活各个方面、各个环节的今天,还将会给教育、传播、交流等方面带来困难。

　　科技名词浩如烟海,门类繁多,规范和统一科技名词是一项十分繁复和困难的工作,而海峡两岸的科技名词要想取得一致更需两岸同仁作出坚韧不拔的努力。由于历史的原因,海峡两岸分隔逾50年。这期间正是现代科技大发展时期,两岸对于科技新名词各自按照自己的理解和方式定名,因此,科技名词,尤其是新兴学科的名词,海峡两岸存在着比较严重的不一致。同文同种,却一国两词,一物多名。这里称"软件",那里叫"软体";这里称"导弹",那里叫"飞弹";这里写"空间",那里写"太空";如果这些还可以沟通的话,这里称"等离子体",那里称"电浆";这里称"信息",那里称"资讯",相互间就不知所云而难以交流了。"一国两词"较之"一国两字"造成的后果更为严峻。"一国两字"无非是两岸有用简体字的,有用繁体字的,但读音是一样的,看不懂,还可以听懂。而"一国两词"、"一物多名"就使对方既看不明白,也听不懂了。台湾清华大学的一位教授前几年曾给时任中国科学院院长周光召院士写过一封信,信中说:"1993年底两岸电子显微学专家在台北举办两岸电子显微学研讨会,会上两岸专家是以台湾国语、大陆普通话和英语三种语言进行的。"这说明两岸在汉语科技名词上存在着差异和障碍,不得不借助英语来判断对方所说的概念。这种状况已经影响两岸科技、经贸、文教方面的交流和发展。

　　海峡两岸各界对两岸名词不一致所造成的语言障碍有着深刻的认识和感受。具有历史意义的"汪辜会谈"把探讨海峡两岸科技名词的统一列入了共同协议之中,此举顺应两岸民意,尤其反映了科技界的愿望。两岸科技名词要取得统一,首先是需要了解对方。而了解对方的一种好的方式就是编订名词对照本,在编订过程中以及编订后,经过多次的研讨,逐步取得一致。

　　全国科学技术名词审定委员会(简称全国科技名词委)根据自己的宗旨和任务,始终把海峡两岸科技名词的对照统一工作作为责无旁贷的历史性任务。近些年一直本着积极推进,增进了解;择优选用,统一为上;求同存异,逐步一致的精神来开展这项工作。先后接待和安排了许多台湾同仁来访,也组织了多批专家赴台参加有关学科的名词对照研讨会。工作中,按照先急后缓、先易后难的精神来安排。对于那些与"三通"

有关的学科，以及名词混乱现象严重的学科和条件成熟、容易开展的学科先行开展名词对照。

在两岸科技名词对照统一工作中，全国科技名词委采取了"老词老办法，新词新办法"，即对于两岸已各自公布、约定俗成的科技名词以对照为主，逐步取得统一，编订两岸名词对照本即属此例。而对于新产生的名词，则争取及早在协商的基础上共同定名，避免以后再行对照。例如 101~109 号元素，从 9 个元素的定名到 9 个汉字的创造，都是在两岸专家的及时沟通、协商的基础上达成共识和一致，两岸同时分别公布的。这是两岸科技名词统一工作的一个很好的范例。

海峡两岸科技名词对照统一是一项长期的工作，只要我们坚持不懈地开展下去，两岸的科技名词必将能够逐步取得一致。这项工作对两岸的科技、经贸、文教的交流与发展，对中华民族的团结和兴旺，对祖国的和平统一与繁荣富强有着不可替代的价值和意义。这里，我代表全国科技名词委，向所有参与这项工作的专家们致以崇高的敬意和衷心的感谢！

值此两岸科技名词对照本问世之际，写了以上这些，权当作序。

2002 年 3 月 6 日

前 言

　　随着海峡两岸学术交流的加强,昆虫学界体会到两岸昆虫学名词的差异,需要进行学术讨论以达成共识和统一,这对于增进两岸昆虫学科知识的传播和交流,以及昆虫学文献的编辑和检索,都有重要意义。基于此,全国科学技术名词审定委员会(以下简称全国科技名词委)、中国昆虫学会和台湾"中华昆虫学会"共同组织推动这项工作。为了便于开展工作,海峡两岸成立了"海峡两岸昆虫学名词工作委员会"。大陆26人,钦俊德院士为召集人;台湾19人,周延鑫教授为召集人。

　　1999年8月由全国科技名词委和中国昆虫学会组成的大陆昆虫学名词工作委员会派出工作小组赴台,就两岸昆虫学名词对照工作与台湾同行交换意见。经过两天的热烈讨论,一致同意共同编辑出版《海峡两岸昆虫学名词》(对照本)。海峡两岸学者商定《对照本》的收词范围和准则为:①以大陆审定的名词为蓝本;②对一些有争议的名词列出更合适的推荐名;③在两岸分别召开两次学术研讨会。

　　根据第一次会议的决议,台湾专家以大陆审定的名词为基础,再参考左秀文、吴华章、苗永兴编的《动物学名词辞典》(名山出版社,1985年),詹树三编的《昆虫学术语辞典》(罗印书馆,1965年),丁慧琳、王雯珊编的《昆虫学名词辞典》(名山出版社,1986年)等资料整理出了约4000条《对照本》名词初稿。在此基础上于2000年5月9~12日在北京召开了第二次海峡两岸昆虫学名词对照学术研讨会,大陆昆虫学各分支学科的代表和专家33人,台湾昆虫学的代表和专家8人出席了会议。会议对《对照本》名词初稿进行了逐条讨论和审定,还对收词范围进行了讨论,确定增补两岸常见农林害虫名称、两岸检疫规定的害虫名录和两岸保育昆虫种类名单。2000年11月20~30日大陆10名昆虫学家赴台参加第三次海峡两岸昆虫学名词学术研讨会。会议以科学的态度,实事求是地就两岸对照本二稿中称谓不同的名词进行了认真热烈的讨论,使部分称谓不同名词的定名取得了一致的意见。例如cleavage center,大陆称"卵裂中心",台湾称"分裂中心",经讨论统一为"卵裂中心"。对部分各自已约定俗成的名词暂时保留,如pheromone,大陆称"信息素",台湾称为"费洛蒙"。有一些名词则列出推荐名,如bivouac,大陆称"临时驻栖",台湾称"野营",经讨论推荐名为"露营"。此外,还对学术上存在争议的名词进行了较为深入的讨论,使认识趋于接近。会后又经两岸专家分别厘定,才将《对照本》定稿付梓。

　　我们现在的工作只是一个小小的开始,我们最大的期待是今后对英文新名词进行定名时,能先经过海峡两岸昆虫学名词工作委员会共同研讨和定名,这样对今后的读者应是一大福祉,也是我们开展这项工作的最终目的。如有不妥之处,还望海峡两岸广大有识之士不吝指正。

此项工作得到国家自然科学基金委员会、台湾李国鼎科技发展基金会及台湾"国立自然科学博物馆"文教基金会的经费支持,谨此深表谢忱。

海峡两岸昆虫学名词工作委员会

2002 年 3 月

编 排 说 明

一、本书是海峡两岸昆虫学名词对照本。

二、本书分正篇和副篇两部分。正篇分大陆名、台湾名、英文名三项,按大陆名的汉语拼音顺序编排;副篇分英文名、大陆名、台湾名三项,按英文名的字母顺序编排。大陆名使用简体字,台湾名使用繁体字。

三、两岸推荐名用黑体字表示。

四、[ ]中的字使用时可以省略。

正篇(汉英索引)

五、大陆名正名和异名分别排序,在异名处用(=)注明大陆名的正名和英文名同义词。

六、对应的英文名为多个时(包括缩写词)用“,”分隔。

副篇(英汉索引)

七、英文名所对应相同概念的汉文名用“,”分隔,不同概念的用① ② ③分别注明。

八、英文名的同义词用(=)注明。

九、英文缩写词排在全称后的( )内。

目　　录

正 篇

A

大 陆 名	台 湾 名	英 文 名
阿索夫规则	阿索夫氏法则	Aschoff's rule
阿维菌素类杀虫剂	阿維菌類殺蟲劑,阿巴汀類殺蟲劑	avermectins
埃塞俄比亚界(＝非洲界)		Ethiopian Realm(＝Afrotropical Realm)
γ-氨基丁酸受体	γ-氨基丁酸受體	GABA receptor
氨基甲酸酯类杀虫剂	氨基甲酸酯殺蟲劑	carbamate insecticides
氨基甲酸酯水解酶	氨基甲酸酯水解酶	carbamatic hydrolase
氨基甲酰化常数	氨基甲醯化常數	carbamylation constant
氨基葡糖(＝葡糖胺)		
安全性评价	安全性評估	safety evaluation
桉天牛醇	桉天牛醇	phoracanthol
暗适应	暗適應	dark adaptation
暗视蛋白	暗視蛋白	scotopsin
螯导体	螯導體	cheliceral guides
螯基	螯基	cheliceral base, chelobase
螯钳	螯鉗	chela
螯鞘	螯鞘	cheliceral sheath
螯鞘毛	外葉毛	galeal seta
螯刷	螯刷,鋏角鬚	cheliceral brush
螯肢	螯肢,鋏角	chelicera, chelicerae(复)
螯肢毛	螯肢毛	cheliceral seta
螯趾	螯趾	cheliceral digit
澳大利亚界(**澳洲区**)	澳洲區	Australian Realm

B

大 陆 名	台 灣 名	英 文 名
八孔器	八孔器	octotaxic organ
巴贝虫病	巴貝蟲病	babesiasis
巴尔比亚尼环	巴爾比亞尼環	Balbiani ring
靶标部位	作用部位	target site
靶标抗性	標的物抗性	target resistance
白蝶呤	白蝶呤	leucopterine
白僵病	白僵病	white-muscardine
白僵菌素 I	白僵菌素 I	beauvericin I
白蚁巢	白蟻巢	termitarium
百日青蜕皮酮	百日青蜕皮酮	ponasterone
摆尾舞	蜜蜂擺尾舞	waggle dance, wagtail dance
败血症	敗血症	septicemia
斑块	斑狀群,斑塊	patch
斑块性指数	斑塊性指數	index of patchiness
斑蝥素	莞菁素,斑蝥素	cantharidin
板形感器	膜狀感覺器	placoid sensillum, sensillum placodeum（拉）
伴孢晶体	側孢體	parasporal crystal
瓣尖(水螨)	瓣突(水螨)	lamella, lamellae（复）
瓣间片,生殖棱	生殖棱	gonangulum, gonangula（复）
半变态	半變態	hemimetamorphosis
半变态类	半變態類	Hemimetabola
半翅目	半翅目	Hemiptera, Rhynchota, Rhyngota
半纯饲料	半純飼料	meridic diet
半化性	半化性	semivoltine
半荒漠生态系统	半荒漠生態系,半沙漠生態系	semi-desert ecosystem
半气门式呼吸	半氣門式呼吸	hemipneustic respiration
半鞘翅	半翅鞘	hemelytron, hemelytra（复）, hemielytron, hemielytra（复）
半社会性昆虫	半社會性昆蟲	semisocial insect
半数致死量,致死中量	致死中量	medium lethal dose, LD$_{50}$
半种	半種	semispecies

大　陆　名	台　灣　名	英　文　名
半自然生态系统	半自然生態系	semi-natural ecosystem
棒节	棍棒節	clava, club
棒亚目	棒尾亞目	Rhabdura
孢子囊时期	孢子囊期	sporangium phase
孢子时期	孢子期	spore phase
胞吐作用	胞泌作用	exocytosis
胞窝,再生胞囊	再生細胞	nidus, nidi(复), regenerative cyst
包含体	包涵體,包理體	inclusion body, occluded body
包含体病毒	包理病毒	occluded virus
包囊细胞	凝血細胞	coagulocyte, cystocyte
包囊作用	包囊作用	encapsulation
保存	保存	preservation
保护	保護	protection
保护区	保護區	protected area
保护色	保護色	sematic color
保留名	保留名	nomen conservandum (拉)
保幼激素	青春激素	juvenile hormone, JH
保幼激素结合蛋白	青春激素結合蛋白	JH binding protein
保幼激素类似物	青春激素類似物	JH analogue, JHA, JH mimic, juvenoid
保幼激素酯酶	青春激素酯酶	JH esterase
保幼冷杉酮	青春酮(保幼冷杉酮)	juvabione
保幼罗勒烯	青春羅勒烯	juvocimene
保育	保育	conservation
抱器瓣	產卵管鞘	valvae
抱器背	抱器背	costa, costae(复)
抱器背基突(＝横带片)		
抱器端	環狀鉤	cucullus
抱器腹	輸卵囊(抱器腹)	sacculus
抱器指突	指狀構造	digitus
抱握	抱握	clasping
抱握器	攫握器	clasper, harpe, harpago, harpagones(复)
抱握足	抱握足	clasping leg
暴发性植食昆虫	暴發性植食昆蟲	outbreak herbivore
杯形器	杯形器	cupule
杯形细胞	杯狀細胞	calyciform cell, goblet cell
杯状体	杯狀體	goblet
北蟪亚目	北蟪翅亞目	Arctoperlaria

大　陆　名	台　灣　名	英　文　名
北亚蜱媒斑疹热	北亞蜱媒斑疹熱	Rickettsiosis sibirica
背板	背板	① tergum, terga（复），notum, nota（复）② dorsal plate, dorsal shield（蜱螨）
背侧沟	背側縫	notopleural suture
背侧片	背側片	①notopleuron, notopleura（复）②dorso-lateralia（蜱螨）
背侧片鬃	背側片剛毛	notopleural bristle
背侧线	背側線	dorsopleural line
背产卵瓣	背産卵瓣	dorsovalvula, dorsovalvulae（复）
背翅突	背翅突	alaria
背兜	生殖蓋	tegumen
背窦（＝围心窦）		dorsal sinus（＝pericardial sinus）
背缝	背縫	dorsal furrow
背腹板（＝后背板）		
背腹沟	背腹溝	dorso-ventral groove
背附器	背附器	appendix dorsalis
背感器	背感器	dorsal sensillum
背膈,围心膈	背膈膜	dorsal diaphragm
背环	背環	tergites ring
背肌	背肌	dorsal muscle, musculus doralis（拉）
背脊	背脊	costa, costae（复），dorsal ridge
背颈缝	背頸縫	dorsosejugal suture
背颈缝孔区	背頸縫孔區	areae porosae dorsosejugales
背颈沟突	背頸溝突	dorsosejugal enantiophysis
背孔	背孔	dorsal pore
背瘤	背瘤	dorsal tubercle
背瘤突	背瘤突	dorsal hump
背毛	背毛,背剛毛	dorsal seta
背毛式	背毛式	dorsal setation formula
背囊	小囊,受精束	sacculus, sacculi（复）
背片	背骨片（**背片**）	tergite
背器[官]	背器	dorsal organ
背气管	背氣管	dorsal trachea
背气管干	背氣管幹	dorsal tracheal trunk
背气管连索	背氣管連鎖	dorsal tracheal commissure
背气门目	背氣門目	Notostigmata
背突	背突	dorsal process, dorsal prolongation
背隙状器	背隙狀器	dorsal lyrifissure

大 陆 名	台 灣 名	英 文 名
背腺毛	背腺毛	dorsoglandularia
背血管	背管	dorsal blood vessel, dorsal vessel
背中槽	背中槽	dorsocentral furrow
背中脊	背中脊	dorsocentral ridge
背中片	背中片	dorsocentralia
背中线	背中線	dorsomeson
背中鬃	背中剛毛	dorsocentral bristle
贝氏拟态	貝氏擬態	Batesian mimicry
被动扩散	被動分散	passive dispersal
被食者(=猎物)		
被蛹	被蛹	obtect pupa
贲门瓣(=食道瓣)	賁門瓣	cardiac valve (=oesophageal valve)
本地种	原生種,本地種	indigenous species, native species
鼻突(=前突)		
彼得拉哈五月病	彼氏五月病	Bettlach May disease
蔽身巢	蔽身巢	succursal nest
闭室	閉室	closed cell
避荫趋性	避蔭趨性	photofobotaxis
臂室	上膊翅室	brachial cell
蝙蝠蛾亚目	蝙蝠蛾亞目	Exoporia
鞭蝽次目	鞭角椿象部	Dipsocoromorpha
鞭节	鞭節	flagellum
鞭毛	鞭毛	flagellum
鞭毛虫病	鞭毛蟲病	flagellosis
鞭小节	鞭小節	flagellar segment, flagellomere
边毛(=亚缘毛)		
边缘生境	邊緣棲所	fringe habitat
边缘效应	邊緣效應	edge effect
扁翅亚目	蚊蛉亞目	Planipennia
变态	變態	metamorphosis
变温动物	變溫動物	poikilotherm, exothermic animal
变形虫病	變形蟲病	amoeba disease
变形拟态	變形擬態	transformational mimicry
变质	變性傷害	deterioration
辨识色	辨識色	episematic color
标记重捕法	標記再捕法	mark-recapture method
标记信息素	標記費洛蒙	marking pheromone
表刻螨亚目	表刻螨亞目	Epicriina

大 陆 名	台 灣 名	英 文 名
表面活性剂	表面活性劑	surfactant, surface active agents
表面卵裂	表面卵裂	superficial cleavage
表胚带	外層胚帶	superficial germ band
表皮	表皮	cuticle, cuticula(拉)
表皮毒性	表皮性毒	dermal toxicity
表皮坏死症	皮黴菌病	dermomyositis
表皮内突(内突)	内骨突(内突)	apodeme
表皮质	角質素	cuticulin
濒危种	瀕危種	endangered species
宾主共栖	賓主共棲	xenobiosis
兵工蚁	兵工蟻	dinergatogyne
兵蝎腺	鼻腺	nasute gland
兵蚁	兵蟻	dinergate
冰核形成	冰核形成	ice nucleation
柄后腹	錘腹	gaster
柄节	柄節	scape
柄突	柄節	peduncle, pedunculus, pedunculi(复)
病毒病	病毒病	viral disease, virosis
病毒发生基质	病毒形成團	virogenic stroma, viroplasm
病毒粒子	病毒粒子	virion
病毒束	病毒束	virus bundle
病毒性软化病	病毒性軟化病	viral flacherie
病理生理学,生理病理学	生理病理學	physiopathology
病理形态学	形態病理學	morphopathology
病理学	病理學	pathology
病理组织学	組織病理學	histopathology
病因学	病原學(病因學)	etiology
病原体	病原體	pathogen
病征(症候)	症候,表徵	sign
并发症	並發症	complicating disease
并脉	併走法	anastomosis
并系	併源系	paraphyly
并胸腹节	前伸腹節(併胸腹節)	propodeum, medial segment
并胸腹节三角片	併胸腹節三角片,前伸腹節三角片	propodeal triangle
并眼症	獨眼病	cyclops
玻璃体(=晶锥)	透明體(=圓晶錐體)	vitreous body(=crystalline cone)

大　陆　名	台　灣　名	英　文　名
波纹小蠹诱剂	波紋小蠹誘劑	multilure
搏动器	搏動器	pulsatile organ
泊松分布	蔔瓦松分佈	Poisson distribution
捕食性螨类	捕食性蟎類	predacious mites
捕食者	捕食者	predator
捕食作用	捕食	predation
捕捉足	捕捉足	raptorial leg
哺幼性	哺幼性	eutrophapsis
补偿	補償	compensation
补充生殖型	候補生殖型	complementary reproductive type
补模	補模,辨名模	apotype
不发育	發育不全	aplasia
不活动休眠体	不活動遷移體	inert hypopus
不可逆抑制剂	不可逆抑制劑	irreversible inhibitor
不连续呼吸	不連續呼吸	discontinuous respiration
不敏感性	不敏感性	insensitivity
不敏感指数	不敏感指數	insensitivity index
不完全变态	不完全變態	incomplete metamorphosis
不应态	不應態	refractoriness
布鲁菌病	布魯氏桿菌病	brucellosis
步刚毛	步行用剛毛	ambulatorial seta
步行类	步行類	Ambulatoria
步行器	前跗節(**步行器**)	ambulacral organ
步行足	步行足	ambulatorial leg, ambulacra（复）
步爪(**步行爪**)	步行爪	ambulacrum, ambulacra（复）

C

大　陆　名	台　灣　名	英　文　名
蚕蛾酸	蠶蛾酸	bombycic acid
蚕蛾性诱醇	家蠶醇	bombykol
残留毒性	殘留毒性	residual toxicity
残效	殘效	residual effect
仓储昆虫学	儲物昆蟲學(**倉儲昆蟲學**)	stored products entomology
仓储生态系统	儲藏生態系	storage ecosystem
草原生态系统	草原生態系	grassland ecosystem
侧板	側板	pleuron, pleura（复）

大　陆　名	台　灣　名	英　文　名
侧背脊	側背脊	paracosta
侧背片	側背板	pleurotergite, laterotergite, paratergite
侧背叶	背側區	paranotum, paranota（复）
侧壁	體側壁（**側壁**）	lateral integument
侧侧片	側側片	lateropleurite
侧翅突	側板翅突（**側翅突**）	alifer, pleuralifera, pleural wing process
侧唇	側唇	lateral lip, paralabrum
侧唇舌	側舌	paraglossa
侧单眼	側單眼	stemma, stemmata（复）, lateral ocellus
侧额	旁側額區	parafrontalia
侧额鬃	旁側額剛毛	parafrontal bristle
侧腹片	側腹板	laterosternite, pleurosternite
侧沟	①側溝 ②側縫	①lateral suture, pleural suture ②lateral groove（蜱螨）
侧后头	側後頭	paracephalon
侧基突	側基突	pleural coxal process
侧肌	側肌	lateral muscle, musculus lateralis（拉）
侧接缘	結合板,背腹接緣突	connexivum
侧颈片	頸側片	lateral cervicale, laterocervicalia
侧孔区	側孔區	areae porosae laterales
侧毛	側毛	laterals, lateral seta
侧片	側骨片（**側片**）	pleurite
侧气管干	側氣管幹	lateral tracheal trunk
侧气门类	側氣門類	Laprosticti
侧舌间裂	側舌間縫	alarima
侧神经索	側神經索	lateral nerve cord
侧输卵管	側輸卵管	lateral oviduct, oviductus lateralis（拉）
侧尾叶	尾背尖突	surstylus, surstyli（复）
侧腺毛	側腺毛	lateroglandularia
侧亚端毛	側亞端毛	parasubterminala, parasubterminal seta
侧颜	頰	parafacialia, cheek
侧眼	側眼	lateral eye
侧殖板	側殖板	aggenital plate
侧殖肛板	側殖肛板	aggenital-anal plate
侧殖毛	側殖毛	aggenital seta
层析法	層析法	chromatography
插入板	加插板	intercalary plate
插入器	陰莖	penis, intromittent organ

大　陆　名	台　灣　名	英　文　名
叉节	叉節	dens，dentes（复）
差翅亚目	不均翅亞目（差翅亞目）	Anisoptera
蝉亚目	蟬亞目	Cicadomorpha
产雌孤雌生殖	產雌單性生殖	thelyotoky
产雌雄孤雌生殖	產雌雄單性生殖	anthogenesis，amphiterotoky，deutero-toky
产卵刺激素	產卵刺激素	oviposition stimulant
产卵力	產卵力	fecundity
产卵器	產卵器,產卵管	ovipositor，oviscapt
产卵丝	產卵絲	fila ovipositoris
产雄孤雌生殖	產雄單性生殖	arrhenotoky
常毛	正常毛	ordinary seta，normal seta
长翅目	長翅目	Mecoptera
长角亚目	長角亞目	Nematocera，Nemocera
长胚带	長胚帶	tanyblastic germ band
长日照昆虫	長日照昆蟲	long-day insect
长须螨	網背螨	stigmaeid mite
肠激酶	腸激酶	enterokinase
肠螨症	腸螨症	intestinal acariasis
肠外消化	腸外消化	extra-intestinal digestion
超极化后电位	超過極化後電位	after-hyperpolarization potential
朝向辨别	方位辨別	orientation discrimination
巢内共生物	巢內共生物	nest symbionts
掣爪片	牽爪筋板	unguitractor plate
尘螨	塵螨	dust mite，dermatophagoid mite
城市昆虫学	都市昆蟲學	urban entomology
成虫	成蟲	adult，imago，prosopon
成虫盘（=成虫器官芽）		
成虫器官芽,成虫盘	成蟲芽,成蟲盤	imaginal disc，imaginal bud
成螨	成螨	adult，imago，prosopon
成蜱	成蜱	adult，imago，prosopon
成气管细胞	微管胚	tracheoblast
成熟前期	成熟前期	prematuration period
成蛹	成蛹	imagochrysalia，teleiophane
成幼同型	同型（成幼同型）	homomorpha
迟发性神经毒性	遲發性神經毒性	delayed neurotoxicity

大 陆 名	台 灣 名	英 文 名
齿冠	刺冠	corona
齿式	齒式	dentition formula
齿小蠹二烯醇	齒小蠹二烯醇	ipsdienol
齿小蠹烯醇	齒小蠹烯醇	ipsenol
豉甲酮	豉甲酮	gyrinidone
翅	翅	wing
翅瓣	小翅	alula, alulae（复）, aluler, cuilleron
翅背胝	翅背瘤	postalar callus
翅侧片	翅侧板	pteropleuron, pteropleura（复）
翅侧片鬃	翅侧剛毛	pteropleural bristle
翅多型	翅多型	alary polymorphism
翅轭	翅垂脈	jugum, juga（复）
翅轭亚目	翅軛亞目	Jugatae
翅钩	鉤列	hamule, hamulus, hamuli（复）
翅关节片	腋骨髁	pteralia, axillaries
翅后桥	翅後橋	postalare, postalar bridge, postalaria, postalariae（复）
翅后鬃	翅後剛毛	postalar bristle
翅基片	翅基板	tegula, tegulae（复）
翅缰	翅刺	frenulum
翅缰亚目	翅繮亞目	Frenatae
翅脉	翅脈	vein, nervure
［翅］内缘	内緣	inner margin
翅内鬃	翅基内側毛列	intraalar bristle
翅前副片	前翅基片	anterior basalare
翅前桥	翅前橋	prealare, prealar bridge, prealaria, prealariae（复）
［翅］前缘	前緣	costal margin, protoloma
翅前鬃	翅基前剛毛	prealar bristle
翅桥	翅基突	alaraliae
翅韧带	翅基韌帶	alar frenum（拉）
翅上鬃	翅基頂剛毛	supraalar bristle
翅室	翅室,小翅室	cell, areae, areola
［翅］外缘	外緣	outer margin
翅下大结节	翅下大結節	subalar knob, subalifer
翅下窝	翅下窩	subalar pit
翅形体	翅形體	pteromorpha
翅形体铰链	翅形體鉸鏈	pteromorpha hinge

大　陆　名	台　湾　名	英　文　名
翅胸,具翅胸节	生翅胸	pterothorax
翅褶	褶皱	plica
翅痣	翅痣	pterostigma, stigma
虫草菌素	蟲草菌素	cordycepin
虫道菌圃	蟲道菌圃	ambrosia
虫粪	蟲糞	fecula, frass
虫红素	蟲紅素	insectorubin
虫绿素	蟲綠素	insectoverdin
虫媒花	蟲媒花	entomogamy
虫媒植物	蟲媒植物	entomophilous plant
虫尿色素	蟲尿色素	entomourochrome
虫期特异基因表达	蟲期特異基因表現	stage-specific gene expression
虫漆酶	蟲膠酶	laccase
虫青素	蟲青素	insecticyanin
虫瘿	蟲瘿	gall, cecidium
重叠像	重疊影像	superposition image
重叠眼	重疊像眼	superposition eye
重寄生	重複寄生	epiparasitism, hyperparasitism
重寄生物	重複寄生物	hyperparasite
重建	復原	restoration, recovery
重名	重名	tautonymy, tautonymous name
重演行为	重演行爲	reiterative behavior
臭虫次目	臭蟲部	Cimicomorpha
臭腺(=气味腺)		
臭腺孔	臭腺孔	ostiola, ostiolae（复）, scent gland orifice
初级生产力	初級生產力	primary productivity
初级消费者	一級消耗者	primary consumer
初生分节	原生分節	primary segmentation
初生节	原生節	primary segments, true somites, embryo-nic metameres
出生率	出生率	natality
储藏物螨类	儲藏物蟎類	stored product mites
触动态	觸動態	stereokinesis
触角	觸角	antenna, antennae（复）
触角电位图	觸角電圖	electroantennogram, EAG
触角间楔	觸角間楔	interantennal wedge
触角列式	觸角長度式(**觸角列式**)	antennal formula

大 陆 名	台 灣 名	英 文 名
触角前区	觸角前區	preantennal area
触角神经元	觸角神經原	antennal neuron
触角窝	觸角窩	antennal socket, antennal fossa, antafossa
触角叶	觸角葉	antennal lobe
触觉通讯	觸覺通訊	tactile communication
触毛	觸毛	tactile seta
触腺毛	觸腺毛	antennal glandularia
川楝素	川楝素	toosendanin
川膝蜕皮酮	川膝蛻皮酮	cyasterone
穿透[作用]	穿透作用	penetration
传出神经元	離心神經原	efferent neuron
传递效率	傳遞效率	transfer efficiency
传粉昆虫	授粉昆蟲	pollinator
传粉作用	授粉作用	anthophily, pollination
传精器	傳精器	sperm transfer
传入神经元	向心神經原	afferent neuron
传统生物防治	傳統生物防治	classical biological control
锤角类	錘角類	Rhopalocera
锤角组	棍角類	Clavicornia
垂蛹	垂蛹	suspensi
垂直传递	垂直傳播	vertical transmission
垂直分布	垂直分佈	vertical distribution
春季病	春季病	spring disease
蝽次目	椿象部	Pentatomomorpha
唇瓣	唇瓣	labellum, labella(复)
唇瓣环沟,假气管	假氣管	pseudotrachea
唇侧片	唇側片	pilifer
唇基	唇基片,頭楯(**唇基**)	clypeus, chaperon
唇舌	真下唇	ligula
雌虫多型	雌蟲多型	poecilogyny
雌工嵌体	雌工嵌體	gynergate
雌工蚁	雌工蟻	gynecoid
雌核生殖	雌核生殖	gynogenesis
雌激素类似物	動情素類似物	estrogen-like compound
雌模	雌模	gynetype
雌生殖节	雌生殖節	gynium
雌雄间性	中間性(**雌雄間性**)	intersex
雌雄嵌合体	雌雄同體	gynandromorph

大　陆　名	台　灣　名	英　文　名
雌雄同体	雌雄同體, 兩性同體	hermaphrodite
雌蚁	雌蟻	gyne
刺激素	刺激素	irritant
刺突	叉狀骨	furca, furcella
刺吸式口器	刺吸式口器	piercing-sucking mouthparts
刺形感器	剛毛感覺器	sensillum chaeticum(拉)
刺序	刺序	acanthotaxy
次后头	次後頭	postocciput
次后头沟	次後頭溝	postoccipital sulcus
次级生产力	次級生産力	secondary productivity
次级消费者	次級消耗者	secondary consumer
次卵,幼虫前期	前幼蟎	deutovum
次卵膜	次卵膜	deutovarial membrane
次模	次模	secondary type
次生代谢物	次級代謝物	secondary metabolite
次生分节	次生分節	secondary segmentation
次生节	次生節	secondary segments
次生生殖孔(=阳茎口)		
丛缩病,从枝病	叢縮病	brooming
丛枝病(=丛缩病)		
促泌素	促泌素	secretogogue
促前胸腺激素	促前胸腺激素	prothoracicotropic hormone , PTTH , prothoracicotropin
促性腺激素	促性腺激素	gonadotropic hormone , gonadotropin
促性信息素肽	促費洛蒙素	pheromonotropin
促咽侧体神经肽	促咽喉側腺神經肽	allatotropin
窜飞	竄飛	protean display
催欲素(**催欲剂**)	催欲劑	aphrodisiac
存活率	生存率	survival rate
锉吸式口器	銼吸式口器	rasping-sucking mouthparts

D

大　陆　名	台　灣　名	英　文　名
大赤螨亚目	大赤螨亞目	Anystina
大蛾类	大蛾類	Macrolepidoptera
大分类学	大分類學	macrotaxonomy

大　陆　名	台　灣　名	英　文　名
大量诱捕法	大量誘捕法	mass trapping
大毛	巨毛	heavy seta, macrochaeta
大体	大體	thanosome
大型消耗者	大型消耗者	macro-consumer
大血管	大動脈	aorta
大洋界(**大洋区**)	大洋區	Oceanic Realm
戴氏定律	達雅定律	Dyar's rule
带毒状态, 载体状态	帶原狀態	carrier state
代谢抗性	代謝抗性	metabolic resistance
待考种	待考種	speciesinquirenda(拉), sp. inq.
单胺氧化酶	單胺氧化酶	monoamine oxidase, MAO
单个体种	單一體種	singleton species
单加氧酶	單氧酶	monooxygenase
单交种类(**单交种**)	單交物種(**單交種**)	monocoitic species
单孔式	單孔式	monotrysian type
单孔亚目	單孔亞目	Monotrysia
单粒包埋型病毒	單包埋病毒	single embedded virus
单模	單模	haplotype
单模属	單模屬	monotypic genus
单母建群	單雌建群	haplometrosis
单配生殖	單配偶	monogamy
单食性	單食性	monophagy
单王群	單王群	monogynous colony, haplometrotic colony, monoqueen colony
单尾目	單尾目	Monura
单系	單源系	monophyly
单序趾钩	單序趾鉤	uniordinal crochets
单眼	單眼	ocellus, ocelli (复)
单眼梗	單眼神經柄	ocellar pedicel
单眼后鬃	單眼後剛毛	postocellar bristles, post verticals
单眼三角区	單眼三角區	ocellar triangle
单眼鬃	單眼剛毛	ocellar bristle
单主寄生	單一寄生	monoxenous parasitism
胆碱能突触	膽鹼性突觸	cholinergic synapse
胆碱能系统	膽鹼性傳遞系統	cholinergic system
岛屿生物地理学说	島嶼生物地理學說	theory of island biogeography
导管端片	導管端片	antrum
导精沟	導精溝	spermatotreme

大 陆 名	台 湾 名	英 文 名
导精管	導精管	afferent duct, ductus seminalis(拉)
导精趾	導精趾	spermatodactyl, spermatophoral carrier, spermatophoral process
导卵器	導卵器	egg-guide
盗食共生	盜食共生	cleptobiosis
盗食寄生	盜食寄生	cleptoparasitism
盗食者(＝蚁盗)		
等翅目	等翅目	Isoptera
等氮饲料	等氮飼料	isonitrogenous diet
等跗类	同節類(**等跗類**)	Isomera
等孤雌生殖	等孤雌生殖	isoparthenogenesis
等级	分類等級	rank
等模	等模	homotype, homoeotype
等位基因酶	等位基因同功酶	allozyme
低海藻糖激素	降海藻糖激素,降花粉糖激素	hypotrehalosemic hormone
低温滞育	低溫滯育	athermobiosis
低兴奋性	低興奮性	hypo-irritability
滴滴涕	滴滴涕	DDT
滴滴涕脱氯化氢酶	滴滴涕脱氯化氢酶	DDT-dehydrochlorinase
抵御素	防禦素	defensin
骶毛	骶毛,骶剛毛	sacral seta
地方种(＝特有种)		
地理分布	地理分佈	geographical distribution
地理隔离	地理隔離	geographical isolation
地理信息系统	地理資訊系統	geographical information system, GIS
地理亚种	地理亞種	geographic subspecies
地模	地模	topotype
地生物群落	土地生物群集	geobiocenosis
地中海实蝇性诱剂	地中海果實蠅性誘劑	trimedlure
第二若螨,后若螨	第二若螨,次若螨	deutonymph
第二胸板	第二胸板	deutosternum
第二蛹,后蛹	第二蛹	deutochrysalis
第三若螨	第三若螨	tritonymph
第三胸板(＝胸叉)		
第四胸毛(＝胸后毛)		
第一若螨,原若螨	第一若螨,原若螨	protonymph
第一胸板(＝胸前板)		

大　陆　名	台　灣　名	英　文　名
第一蛹	第一蛹	nymphophan
点滴法	局部施藥法	topical application
点滴/注射毒性比率	局部/注射毒性比率	topical/ inject toxicity ratio, TIR
点毛	毛斑	trichobothrium, trichobothria(复)
电压钳	電壓鉗	voltage clamp
调转动态	調轉動態	klinokinesis
调转趋性	調轉趨性	klinotaxis
叠缝型	叠縫型	ptychoid
顶极群落	極峰相	climax
顶角	頂角	apical angle, protogonia
顶毛	頂毛	vertical seta
顶体颗粒	頂體顆粒	acrosomal granule
顶突	頂帽	hood
顶位捕食者	頂位捕食者	top predator
顶胸,颚床	顎[基]板	capitular sternum
顶鬃	頭頂剛毛	vertical bristle
定向	定向	orientation
定趾	定趾	fixed chela, fixed digit, digitus fixus
东洋界(东洋区)	東洋區	Oriental Realm
冬虫夏草	蟲草	entomophyte
冬雌	冬雌,次雌體	deuterogyny, deutogyne
冬眠,冬蛰	冬眠	hibernation
冬蛰(=冬眠)		
动态	動態	kinesis
动态生命表	動態生命表	dynamic life table
动物地方性疾病	動物地方性病,地方性 獸疫	enzootic disease
动物流行病	動物流行病	panzootic
动物流行病	獸疫,動物流行病	epizootic disease
动物流行病学	獸疫學,動物流行病學	epizootiology
动物区系	動物相	fauna
动趾	動趾	movable digit, digitus mobilis
动作电位	運動脈動	action potential
动作节律	活動節律	locomotor activity rhythm
洞穴昆虫学	洞穴昆蟲學	cave entomology
毒理动力学	毒理動力學	toxicodynamics
毒力(=致病力)		
毒物兴奋效应	毒物激發效應	hormesis

大　陆　名	台　灣　名	英　文　名
毒血症	毒血症	toxemia
独寄生	獨寄生	eremoparasitism
独居种类(**独居种**)	獨居物種(**獨居種**)	solitary species
独立联合作用	獨立聯合作用	independent joint action
杜氏腺	杜福氏腺	Dufour's gland
端背片	背板緣片	acrotergite, pretergite
端锤	端錘,端球,端瘤	terminal knob
端跗节	端跗節	telotarsus
端附器	端附器	apical appendage
端感器	末端感覺毛	terminal sensillum
端股节,端腿节	端腿節	telofemur
端股觫(**端腿感棒**)	端腿感棒	telofemorala
端喙	喙端	distiproboscis
端节	端節	mucro
端球爪	端球爪	knobbed claw
端始种	端始種	incipient species
端丝	端韌帶	terminal filament
端腿节(＝端股节)		
端肢节	肢端節	telopodite
端滋卵巢	端滋型卵巢	telotrophic ovary
端滋卵巢管	端滋型微卵管	telotrophic ovariole, acrotrophic ovariole
短角亚目	短角亞目	Brachycera
短胚带	短胚帶	brachyblastic germ band
短日照昆虫	短日照昆蟲	short-day insect
K 对策者	K 對策者	K-strategist
r 对策者	r 對策者	r-strategist
对抗稳定性	對抗穩定性	resistance stability
对氧磷酶	對氧磷脂解酶	paraoxonase
钝角亚目	隱角亞目	Amblycera
盾	盾	aspis
盾板	盾板	scutum, scuti（复）
盾板毛	盾板毛	scutala, scutal seta
盾沟	楯溝	scutal sulcus, scutal suture
盾间沟	楯間溝	scutoscutellar sulcus
盾片	楯片	scutum, scuti（复）
盾前鬃	楯前剛毛	prosetae, scopular bristle
盾窝	盾窩	fovea
盾窝腺	盾窩腺	foveal gland

大　陆　名	台　灣　名	英　文　名
多巴	多巴	DOPA
多巴胺	多巴胺	dopamine
多巴脱羧酶	多巴脱羧酶	dopadecarboxylase
多巴氧化酶	多巴氧化酶	dopa-oxidase，dopase
多倍性	多倍性	polyploidy
多度,丰度	豐量	abundance
多分 DNA 病毒	多 DNA 病毒(**多分 DNA 病毒**)	polydnavirus
多化性	多化性	polygoneutism，polyvoltinism
多交种类(**多交种**)	多交物種(**多交種**)	multicoitic species
多角体	多角體	polyhedron
多角体病毒毒素	多角體病毒毒素	polyhedron virus toxin
多角体蛋白	多角體蛋白,多角體素	polyhedrin
多精入卵,多精受精	多精受精	polyspermy
多精受精(=多精入卵)		
多粒包埋型病毒	多包埋病毒	multiple embedded virus
多尿	多尿,利尿	diuresis
多胚生殖	多胚生殖	polyembryony
多配偶	多配偶	polygamy
多色现象	多色現象	polychromatism
多食性	多食性	polyphagy，polyphagia
多食亚目	多食亞目	Polyphaga
多态性状	多態特徵	multistate character，polymorphic character
多王群	多王群	polygynous colony，pleometrotic colony，polyqueen colony
多线染色体	多絲染色體	polytene chromosome
多效激素	多效性激素	pleiotropic hormone
多型群聚	多型聚合	polytypic aggregation
多型现象	多態性,多型性	polymorphism
多型雄螨	雄性多型	polymorphic male
多样性	多樣性,歧異性	diversity
α 多样性	α 多樣性	α-diversity
β 多样性	β 多樣性	β-diversity
γ 多样性	γ 多樣性	γ-diversity
多样性指数	歧異度指數,多樣性指數	diversity index

大 陆 名	台 灣 名	英 文 名
多种抗药性	多態抗藥性	multiple resistance
多滋卵巢	多滋養細胞型卵巢	polytrophic ovary
多滋卵巢管	交互滋養型微卵管	polytrophic ovariole
多足细胞	多足細胞	polypodocyte

E

大 陆 名	台 灣 名	英 文 名
蛾类	蛾類	Phalaenae
额	額	frons, front
额唇基	額唇基片	frontoclypeus, epistoma
额唇基沟	口上縫	frontoclypeal suture, epistomal suture
额缝	額縫, 頭縫支	frontal suture, epicranial arm
额脊	額脊	frontal carina
额颊沟	額頰縫	frontogenal suture
额瘤(=角后瘤)	額瘤(=觸角基瘤)	frontal elevation(=postantennal tubercle)
额毛	額毛	frontal seta
额眉片(=新月片)		frontal lunule(=lunule)
额囊	額囊	ptilinum
额囊缝	前額囊縫	ptilinal suture
额片	額片	frontal plate
额神经	額神經	frontal nerve
额神经节	額神經球	frontal ganglion
额突	額瘤	frontal tubercle
额栉	額櫛	frontal comb
额鬃	額剛毛	frontal bristle
恶化(**降解**)	降解	degradation
轭翅亚目	軛翅亞目	Zeugloptera
轭合作用	共軛作用	conjugation
轭脉	翅垂脈	jugal vein, jugal bar
轭区	翅垂	jugal region, neala
轭褶	翅垂褶	jugal fold, plica jugalis
颚床(=顶胸)		
颚底	亞顎體(**顎底**)	infracapitulum
颚缝	顎底縫	infracapitulum furrow
颚盖	顎體蓋(**顎蓋**)	gnathotectum

大　陆　名	台　灣　名	英　文　名
颚喙	顎喙	infracapitular rostrum
颚[基]沟	顎體溝(**顎[基]溝**)	gnathosomal groove
颚基环	顎基環	gnathosomal base ring
颚基节	顎基節	gnathocoxa
颚基[节]毛	顎基[節]毛	gnathobasal seta, gnathocoxal seta, gnathosomal seta
颚基内叶(**须基内叶**)	鬚基內葉	inner lobe of palpal base
颚[基]湾	顎[基]灣	capitular bay, infracapitular bay
颚基窝(=头窝)		
颚角	顎角	corniculus, corniculi(复)
颚节	顎節	gnathal segments
颚内突	顎內突	capitular apodeme, infracapitular apodeme
颚体	顎體	gnathosoma
颚腺	顎腺	infracapitular gland
颚形突	匙狀突	gnathos, scaphium, subscaphium
颚眼距(**颚基间距**)	顎基間部(**顎基間距**)	malar space
颚足沟	頭足溝(**顎足溝**)	podocephalic canal
颚足腺	頭足腺(**顎足腺**)	podocephalic gland
耳形突	耳形突	oreillets, oreilletor
耳状突	耳狀突	auricula
二次寄生(**次级寄生**)	次級寄生	secondary parasitism
二化性	二化性	bivoltine, digoneutism
二寄主蜱(=二宿主蜱)		
二宿主蜱,二寄主蜱	二寄主蜱	two-host tick
二态性状	二態特徵	two-state character, bimorphic character
二型现象	二態性,二型性	dimorphism
二型雄螨	雄性二型	bimorphic male
二异丙基氟磷酸酯酶	二異丙基氟磷酸酯酶	diisoproyl flurophosphatase, DFPase

F

大　陆　名	台　灣　名	英　文　名
发病率	發病率	incidence
发光伪瞳孔	發光偽瞳孔	luminous pseudopupil
发育膜(=囊膜)		developmental membrane(=envelope)
发育起点温度	發育臨界溫度	threshold of development, development

大　陆　名	台　灣　名	英　文　名
		zero
法医昆虫学	法醫昆蟲學	forensic entomology
反馈	回饋	feedback
反射出血	反射自動出血	reflex bleeding
返回迁移	返回遷移	remigration
返祖[现象]	返祖[性]	atavism
芳基酯水解酶	芳基酯水解酶	arylester hydrolase
芳基贮存蛋白	芳香基貯存蛋白	arylphorin
方向听觉	方向聽覺	directional hearing
方向选择神经元	方向選擇神經原	directionally selective neuron
纺锤体	紡錘體	spindle
纺锤体毒素	紡錘體毒素	spindle poison
纺足目	紡足目	Embioptera
放射枝	放射毛	ray
非包含体病毒	非包涵體病毒,非包理 性病毒	noninclusion virus, nonoccluded virus
非纯培养	非純培養	xenic cultivation
非动型翅形体(**固定型 翅形体**)	固定型翅形體	immovable pteromopha
非辐毛总目	非輻毛目	Anactinotrichida
非减数孤雌生殖	非減數孤雌生殖	apomictic parthenogenesis, ameiotic parthenogenesis
非密度制约	非密度依變	density independence
非生物成分(＝非生物 因子)	非生物成份(＝非生物 因素)	abiotic component(＝abiotic factor)
非生物因子	非生物因素	abiotic factor
非同源共同衍征	異源性同裔徵	nonhomologus synapomorphy
非线性系统	非線性系統	non-linear system
非洲界(**非洲区**)	非洲區	Afrotropical Realm, African Realm
非自发性生殖	非自發性生殖	anautogeny
飞行肌	飛翔肌	flight muscle
蜚蠊肌激肽	蜚蠊肌激肽	leucokinin
蜚蠊硫激肽	蜚蠊硫激肽	leucosulfakinin
蜚蠊目	蜚蠊目	Blattodea
肺螨症	肺螨症	pulmonary acariasis
废翅类(**后生无翅类**)	後天性無翅類(**後生無 翅類**)	Anapterygota
分层随机抽样法	分層隨機取樣法	stratified random sampling

大　陆　名	台　灣　名	英　文　名
分蜂	分蜂,群飛	swarming
分缝型	分縫型	dichoid
分横脉	徑分橫脈	sectorial crossvein
分化中心	分化中心	differentiation center
分脊	分脊	costula, costulae（复）
分节基因	分節基因	segmentation gene
分解者	分解者	decomposer
分类	分類	classification
α 分类	α 分類學,形態分類學	alpha taxonomy
β 分类	β 分類學,比較分類學	beta taxonomy
γ 分类	γ 分類學,系統分類學	gamma taxonomy
分类单元	分類單元	taxon, taxa（复）
分类阶元	分類階元	category
分类学	分類學	taxonomy
分突	分突	discidium
分衍	地理分隔	vicariance
分支单元	分支單元	cladon
分支点	分支點	node
分支发生	分支發生,分支進化	cladogenesis
分子靶标	分子標的物	molecular target
分子系统学	分子系統學	molecular systematics
粉被	花粉,花粉狀	pollen, pollinosity
粉啮亚目	粉嚙亞目	Troctomorpha
粉虱亚目	粉蝨亞目	Aleyrodomorpha
粉纹夜蛾性诱剂	尺蠖蛾性誘劑	looplure
粪食[性]螨类	糞食[性]蟎類	coprophagous mites
丰度(=多度)		
蜂巢	蜂巢	bee nest
蜂毒	蜂毒	apitoxin, bee venom
蜂毒激肽(=蜂舒缓 激肽)		
蜂毒溶血肽	蜂毒溶血肽	melittin
蜂房	蜂巢	comb
蜂胶	蜂膠	propolis
蜂蜡	蜂蠟	bees wax
蜂粮	蜂糧	bee bread
蜂路	蜂路	bee space
蜂螨病	蟎病(蜂蟎病)	acarine disease

大　陆　名	台　灣　名	英　文　名
蜂群	蜂群	bee colony
蜂蝙亚目	蜂蟲亞目	Stylopidia
蜂神经毒肽	蜂神經毒肽	apamin
蜂舒缓激肽,蜂毒激肽	蜂舒緩激肽	polisteskinin
蜂舒缓激糖肽	蜂舒緩激糖肽	vespulakinin
蜂王	蜂王	queen
蜂王信息素	蜂王費洛蒙	queen substance, queen pheromone
风洞	風洞	wind tunnel
缝	縫線	suture
缝颚螨亚目	縫顎螨亞目	Raphignathina
凤蝶醇	鳳蝶醇	selinenol
凤蝶色素	鳳蝶色素	papiliochrome
否定名	否定名	rejected name
肤纹突	背葉	dorsal lobes
跗鞭毛	跗鞭毛	mastitarsala, mastitarsal seta
跗垫	跗節褥盤	tarsal pulvillus, euplantula
跗分节	跗節亞節	tarsomere
跗感器	跗感器	tarsal sensillum
跗节	跗節	tarsus, tarsi(复)
跗[节]毛束	跗[節]毛束	tarsal cluster
跗线螨	細螨	tarsonemid mite
跗线螨亚目	跗線螨亞目,細螨亞目	Tarsonemina
跗爪	跗爪	tarsungulus
跗爪垫	跗爪墊	tarsal pads
孵化	孵化,蛻殼	hatching, eclosion
蜉蝣目	蜉蝣目	Ephemeroptera, Ephemerida
辐孔	輻孔	rosette pore
辐孔区	輻孔區	areolae
辐毛总目	輻毛目	Actinotrichida
蝠蝗亚目	蝠蝗亞目	Arixenina
伏击	伏擊	ambush
浮水器	浮水器	hydrostatic organ
辅助特征	輔助特徵	auxiliary character
腐食类	腐食類	scavenger, saprophage, saprozoic
腐食性螨类	腐食性螨類	saprophagous mites
副步行器毛	副步行器毛	parambulacral seta
副肛侧板	副肛側板	accessory plate
副沟	副溝	accessory groove

大 陆 名	台 湾 名	英 文 名
副核	粒線體衍生物	mitochondrial derivative, MD
副晶体(=副核)		paracrystalline body(=mitochondrial derivative)
副口针	副口針	auxiliary stylet
副毛	附毛	accessory seta
副模	副模	paratype
副室	小室	areoles, accessory cell
副选模	副選模	paralectotype
副穴	副穴	accessory burrow
覆翅	翅覆	proala coriacea, tegmen, tegmina(复)
复变态	過變態	hypermetamorphosis
复巢	複巢	compound nest
复合生态系统	複合生態系	complex ecosystem
复系	多源系	polyphyly
复序趾钩	複序趾鉤	multiordinal crochets
复眼	複眼	compound eye
腹板	腹板	①sternum, sterna(复) ②ventral plate, ventral shield(蜱螨)
腹板线(=胸线)		
腹柄	腰節	petiole, petiolus, petioli(复), petiolar segment
腹部	腹部	abdomen, gaster, metasoma
腹侧沟	腹側溝	sternopleural sulcus
腹侧片	腹側片	sternopleurite
腹侧片鬃	腹側片剛毛	sternopleural bristle
腹侧线	腹側線	sternopleural line
腹产卵瓣	腹產卵瓣	ventrovalvula, ventrovalvulae(复)
腹肛板	腹肛板	ventri-anal shield, ventro-anal plate
腹膈	腹膈膜	ventral diaphragm
腹管	腹管	cornicles, corniculus, corniculi(复), siphunculus
腹痕	腹痕	ventral impression
腹肌	腹肌	ventral muscle, musculus ventralis(拉)
腹脊	腹脊	ventral ridge
腹脊沟	腹脊溝	sternacostal sulcus
腹节	腹節	abdomere, abdominal segment
腹颈沟突	腹頸溝突	ventrosejugal enantiophysis
腹毛	腹毛	ventrals, ventral seta

大　陆　名	台　湾　名	英　文　名
腹毛式	腹毛列	ventral setation formula
腹内突	腹内骨	sternal apophysis
腹片	腹片	sternite, ventralia, ventral platelet
腹气管	腹氣管	ventral trachea
腹气管干	腹氣管幹	ventral tracheal trunk
腹气管连索	腹氣管連鎖	ventral tracheal commissure
腹鳃	腹鰓	abdominal gill
腹神经节	腹神經球	abdominal ganglion
腹神经索	腹神經索	ventral nerve cord
腹腺	腹腺	abdominal gland
腹腺毛	腹腺毛	ventrogladularia
腹泻病	痢疾	dysentery
腹针	腹針	gastric spiculum
腹栉	腹櫛	abdominal comb
腹足	腹足	abdominal leg, proleg
负瓣片	產卵管基片	valvifer
负唇须节	擔鬚節	palpiger, kappa
I_{50}负对数	I_{50}負對數	negative log of I_{50}, pI_{50}
负颚须节	負鬚節	palpifer
负二项分布	負二項分佈	negative binomial distribution
负反馈	負回饋	negative feedback
负交互抗性	負交互抗性	negative cross-resistance
负头突	護頭片(**負頭突**)	cephaliger
富营养作用	優養化	eutrophication
附触角神经	副觸角神經	accessory antennal nerve
附肢	胕肢, 附肢	appendage

G

大　陆　名	台　湾　名	英　文　名
概率值分析法	機率值分析法	probit analysis
盖表皮	凝固層	tectocuticle, cement layer
盖角层	蓋角層	tectostracum
盖片	蓋片	operculum
盖娅假说	蓋姬假說	Gaia hypothesis
干燥蛋白	乾燥蛋白	desiccation protein
干雌	幹雌	fundatrigenia, fundatrigeniae(复)
干母	幹母	stem mother, fundatrix, fundatrices(复)

大　陆　名	台　灣　名	英　文　名
干群	幹群,主群	stem-group
干种	幹種,主種	stem-species
α-甘油磷酸穿梭	α-甘油磷酸酯迴路	α-glycerophosphate shuttle
杆状病毒	桿狀病毒	baculovirus
柑橘同心环纹枯病	柑橘同心環紋枯病	concentric ring blotch of citrus
感棒	感棒	solenidion, solenidia(复), sensory rod, sensory club
感杆	桿狀小體	rhabdomere
感杆束	視官柱體	rhabdom
感觉神经元(=传入神经元)	感覺神經原(=向心神經原)	sensory neuron(=afferent neuron)
感橛	導音桿	scolopale, scolopalia(复), scolops
感毛	感毛,感覺毛	sensory seta
感毛基	感毛基	sensillary base
感器	感覺器	sensillum, sensilla(复)
感器窝,盅毛窝	盅毛窝	bothridium, bothridia (复)
感器窝侧突	感器窝側突	parastigmatic enantiophysis
感器窝后突	感器窝後突	postbothridial enantiophysis
感器窝外毛	感器窝外毛	exobothridial seta
感器酯酶	感器酯酶	sensillar esterase
感染	感染	infection
感染力	感染力	infectivity
感染期	感染期	infection phase
感受性	感受性	susceptibility
刚毛	剛毛,長毛	seta, macrotrichia
肛板	肛板	anal shield, anal plate
肛瓣	肛瓣	anal valve
肛柄	肛柄	anal pedicel
肛侧板	肛側板	①paraproct, parapodial plate ②adanal plate, adanal shield(蜱螨)
肛侧孔	肛側孔	adanal pore
肛侧毛	肛側毛	adanal seta
肛垫	肛墊	anal pads
肛附器	臀附器	anal appendage
肛沟	肛溝	anal groove
肛后板	肛後板	postanal plate
肛后侧毛	肛後側毛	lateral postanals
肛后横沟	肛後橫溝	postanal transversal groove

大　陆　名	台　灣　名	英　文　名
肛后毛	肛後毛	postanal seta, postanals
肛后中沟	肛後中溝	postanal median groove
肛环	肛環	circumanal ring
肛节	肛節	anal segment
肛毛	肛毛,肛剛毛	anal seta
肛门	肛門	anus, vent, anal orifice
肛门腺	肛門腺	anal gland
肛前板	肛前板	preanal plate
肛前沟	肛前溝	preanal groove
肛前孔	肛前孔	preanal pore
肛前毛	肛前毛	preanal seta
肛前器	肛前器	preanal organ
肛乳突	肛乳突	anal papilla
肛上板	肛上板	epiproct, supraanal plate
肛吸盘	肛吸盤	anal sucker
肛吸盘板	肛吸盤板	anal sucker plate
肛下板	肛下板	hypopygium, hypoproct, hypandrium
肛下犁突	肛下犁突	vomer subanalis
纲	綱	class
高氨酸血［症］	高氨酸血［症］	aminoacidemia
高海藻糖激素	升海藻糖激素,升花粉糖激素	hypertrehalosemic hormone
革翅目	革翅目	Dermaptera
革片	革片	corium
格式塔,完形	格士塔,模樣	gestalt
格氏器	格氏器	Grandjean's organ
根螨	根螨	root mite
梗节	梗節	pedicel, pedicellus, pedicelli(复)
工兵蚁	工兵蟻	desmergate
工雌蚁	工雌蟻	dinergatogynomorph
工蜂	①工蜂 ②工蟻	worker
工雄蚁	工雄蟻	ergatandromorph
工蚁	工蟻	ergate
攻击拟态	攻擊擬態	aggressive mimicry
攻击趋声性	攻擊趨聲性	aggressive phonotaxis
攻击行为	攻擊行爲	aggressive behavior
功能多样性	功能多樣性	functional diversity
功能反应	機能反應	functional response

大　陆　名	台　灣　名	英　文　名
功能群(=共位群)		
弓脉	弓脈	arculus
共存	共存	coexistence
共毒系数	共毒係數	co-toxicity coefficient
共寄生	共寄生	synparasitism, multiparasitism
共生	共生	symbiosis
共生起源	共生進化	symbiogenesis
共态种	共態種	coenospecies
共同衍征	共同裔徵	synapomorphy
共同祖征	共同祖徵	symplesiomorphy
共位群,功能群	共食種	guild
钩脉	翅鉤(**鉤脈**)	hamus, hami(复)
钩形突	長鋏	labis, labides(复)
沟	刻溝	sulcus, sulci (复)
孤雌生殖	孤雌生殖	parthenogenesis
孤雌胎生蚜	孤雌胎生蚜	virginogenia, virginogeniae(复)
鼓膜	鼓膜	tympanum, tympana(复), timbal
鼓膜器(=听器)		
鼓膜叶	鼓膜葉	tympanal lobe
古北界(**古北区**)	古北區	Palearctic Realm
古翅类	古翅類	Paleoptera
古昆虫学	古昆蟲學	paleoentomology
古同翅目	古同翅目	Protohomoptera
古网翅目	古網翅目,古蜚蠊目	Palaeodictyoptera
古蚖目	古蚖亞目	Eosentomoidea
骨化[作用]	骨化作用	sclerotization
骨结	骨結	scleronoduli
骨片	骨片	sclerite
谷胱苷肽 S-转移酶	榖胱苷肽 S-轉移酶	glutathione S-transferase
股鞭毛	腿鞭毛	mastifemorala, mastifemoral seta
股缝	腿縫	femoral suture
股节,腿节	腿節	femur, femora(复)
股膝节	腿膝節	femur-genu, femorogenu
固导声	固導聲	solid-borne sound
刮器	刮器	scraper, rasp
刮吸式口器	刮吸式口器	scratching mouthparts
瓜实蝇性诱剂	瓜實蠅性誘劑	cuelure
寡合饲料	寡合飼料	oligidic diet

大　陆　名	台　灣　名	英　文　名
寡食性	寡食性	oligophagy
寡性滞育	寡性滞育	oligo-diapause
关键种	關鍵種	keystone species
关节	關節	articulation
冠缝	頭縫幹	coronal suture, metopic suture, epicranial stem
冠脊	冠脊	crista metopica
光动态	光動態	photokinesis
光毒性化合物	光毒性化合物	phototoxic compound
光感器	感光器	sensillum opticum(拉)
光感受野	感受野,感受區	receptive field
光罗盘定向	光羅盤定向	light-compass orientation
光毛质	光毛質	actinopiline
光适应	光適應	light adaptation
光稳定色素	光穩定色素	photostable pigment
光周期	光週期	photoperiod
光周期现象	光週期律	photoperiodicity, photoperiodism
广翅目	廣翅目	Megaloptera
广幅种,广适种	廣棲種	euryecious species
广适种(=广幅种)		
广腰亚目	廣腰亞目	Symphyta, Chalastrogastra
果蝇蝶呤	果蝇蝶呤	drosopterin
果蝇硫激肽	果蝇硫激肽	drosulfakinin
果蝇抑肌肽	果蝇抑肌肽	dromyosuppresin
裹蛹	全繭蛹,包裹蛹	pupa folliculata, incased pupa
过寄生	過寄生	superparasitism
过交配	過交配	hypergamesis
过冷却点	過冷卻點	supercooling point
过兴奋性	高興奮性	hyper-irritability

H

大　陆　名	台　灣　名	英　文　名
哈氏器	哈氏器	Haller's organ
海藻糖	海藻糖,花粉糖	trehalose
海藻糖酶	海藻糖酶	trehalase
害虫生物防治	害蟲生物防治	biological control of insect pests
含菌体	含菌體	mycetome

大　陆　名	台　灣　名	英　文　名
含菌细胞	含菌細胞	mycetocyte
耗散结构	耗散結構	dissipation structure
核壳体,核衣壳	核蛋白鞘	nucleocapsid
核型	核型	karyotype
核型多角体病	核多角體病	nucleopolyhedrosis
核型多角体病毒	核多角體病毒	nucleopolyhedrosis virus，NPV
核衣壳(=核壳体)		
合腹节	合腹節	synsternite
合神经节	合神經節	synganglion
黑化	黑化	melanism
黑化病	黑變病	melanosis
横带片,抱器背基突	橫突片	transtilla
横腹型	橫腹型	diagastric type
横肌	橫肌	transverse muscle，musculus transversalis（拉）
横脉	橫脈	crossvein
横向定位	橫向定位	transverse orientation
横叶	橫葉	translamella
横缘群(**进化群**)	進化群	glade
恒温动物	恒溫動物	homeotherm，endothermic animal
恒向趋地性	恒向趨地性	geomenotaxis
恒向趋性	恒向趨性	menotaxis
虹彩病毒	虹彩病毒	iridescent virus
虹彩病毒病	虹彩病毒病	iridescent virus disease
虹膜反光层	虹彩色素層	iris tapetum
虹膜色素细胞(=虹膜细胞)	虹彩色素細胞(=虹彩細胞)	iris pigment cell(=iris cell)
虹膜细胞	虹彩細胞	iris cell
虹吸式口器	虹吸式口器	siphoning mouthparts
红蝶呤	紅蝶呤	erythropterin
红铃虫性诱剂	紅鈴蟲性誘劑	gossyplure
后瓣旁簇	後瓣旁簇	posterior parasquamal tuft
后半体	後半體	hysterosoma
后半体板	後半體板	hysterosomal shield
后半体背侧毛	後半體背側毛	dorsolateral hysterosomal seta
后半体背中毛	後半體背中毛	dorsocentral hysterosomal seta
后半体腹毛	後半體腹毛	ventral hysterosomal seta
后半体亚背侧毛	後半體亞背側毛	dorsosublateral hysterosomal seta

大　陆　名	台　灣　名	英　文　名
后背板,背腹板	後背板	①postnotum, phragmanotum ②notogaster（蜱螨）
后背板毛	後背板毛	notogastral seta
后背翅突	後背翅突	scutalaria, posterior notal wing process
后侧瓣	後側瓣	lateroposterior flap
后侧缝	後側縫	disjugal suture
后侧毛	後側毛	posterior lateral seta
后侧片	後側片	epimeron, epimera（复）, postpleuron
后肠	後腸	proctodeum, proctodaeum
后成期	後成期	epigenetic period
后成现象	後成現象	metathetely
后触腺毛	觸後腺毛	postantennal glandularia
后唇基	後唇基	postclypeus
后跗节	後跗節	metatarsus
后基片	後基片	meron, mera（复）
后颊	後頰	postgena
后颊桥	後頰橋	postgenal bridge, genaponta
后胫毛	後脛毛	posterior tibiala
后颏	下唇後基節	postmentum
后口式	後口式	opisthognathous type
后眶部	後眶部	postorbit
后眶鬃	眼緣後剛毛	postorbital bristle
后模	後模	metatype
后脑	第三大腦,食道葉	tritocerebrum, oesophageal lobe
后气门	後氣孔	poststigma
后气门孔	後氣門孔	poststigmatic pore
后气门前肋	後氣門前肋	beret
后躯	後軀	metasoma
后若螨(=第二若螨)		
后上侧片	上後側片	subalare, postalifer
后天行为	後天行爲	learned behavior
后头	後頭部	occiput
后头沟	後頭溝	occipital sulcus
后头孔	後頭孔	foramen magnum, occipital foramen
后头神经节(=脑下神经节)	後頭神經球(=腦下神經球)	occipital ganglion(=hypocerebral ganglion)
后头突	後頭突	odontoidea
后膝毛	後膝毛	posterior genuala

大　陆　名	台　灣　名	英　文　名
后胸	後胸	metathorax
后胸背板	後胸原背板	metanotum
后胸侧板	後胸側板	metapleuron, metapleura(复)
后胸腹板	後胸腹板	metasternum
后悬骨	後懸骨	postphragma
后阴片	後陰片	lamella postvaginalis
后蛹(=第二蛹)		
后殖片	後殖片	postgenital sclerite
后中沟	後中溝	posterior median groove
后足	後足	hindleg
后足体	後足體[部]	metapodosoma
后足体腹中毛	後足體腹中毛	medioventral metapodosomal seta
呼吸角	喇叭狀呼吸管	respiratory trumpet
胡蜂巢	胡蜂巢	vesparium
互惠共生(=互利共生)		
互利共生,互惠共生	互利共生	mutualism
互益素	互益素	synomone
花粉夹	花粉夾	pollen press
花粉篮	花粉筐	pollen basket, corbicula, corbiculae(复)
花粉刷	花粉刷	pollen brush, scopa, scopae(复)
化感毛	化感毛	chemosensory seta
化性	化性	voltinism
化学不育剂	化學不孕劑	chemosterilant
化学发光	化學發光	chemiluminescence
化学分类学	化學分類學	chemotaxonomy
化学感觉	化學感覺	chemoreception
化学规定饲料	化學規定飼料	chemically defined diet
化学通讯	化學通訊	chemical communication
化源感觉	化源感覺	topochemical sense
环管	環管	tubulus annulatus, sperm access
环管口	環管口	solenostome
环境激素	環境荷爾蒙	environmental hormone
环境昆虫学	環境昆蟲學	environmental entomology
环境容量	環境容量	environmental capacity
环境适度	環境適度	environmental fitness
环境阻力	環境阻力	environmental resistance
环裂亚目	環裂亞目	Cyclorrhapha, Aristocera

大 陆 名	台 湾 名	英 文 名
环式趾钩	環列趾鉤	circle crochets
环戊二烯杀虫剂	環二烯殺蟲劑	cyclodiene insecticide
环腺	環腺	ring gland
环须亚目	環鬚亞目	Annulipalpia
环氧化物酶	環氧化物水解酶	epoxide hydrolase
缓释剂	緩釋劑	controlled release formulation
换气气管	通氣氣管	ventilation trachea
荒漠生态系统	沙漠生態系	desert ecosystem
黄疸病(＝脓病)		
黄僵病	黃僵病	yellow muscardine
蝗促肌肽	蝗促肌肽	locustamyotropin
蝗黄嘌呤	蝗黃嘌呤	acridioxanthin
蝗焦激肽	蝗焦激肽	locustapyrokinin
蝗抗利尿肽	蝗抗利尿肽	neuroparsin
蝗硫激肽	蝗硫激肽	locustasulfakinin
蝗速激肽	蝗速激肽	locustatachykinin
蝗亚目	直翅亞目	Caelifera
蝗眼色素	蝗眼色素	acridiommatin
蝗抑肌肽	蝗抑肌肽	locustamyosuppresin
回肠	迴腸	ileum
回神经	逆走神經	recurrent nerve
会集	聚集	assembling, sembling
喙	喙	proboscis, promuscis
喙槽	喙槽	rostral though
喙齿	喙齒	dents of proboscis
喙盾	喙盾	rostral shield
喙沟	喙溝	rostral groove
喙毛	喙毛	rostral seta
婚飞	婚飛,求婚飛翔	nuptial flight, mating flight
婚食	婚食	courtship feeding, nuptial feeding
混合感染	混合感染	mixed infection
混隐色	混隱色	disruptive coloration
活动范围	活動範圍	home range
活动力	活動力	motility
活动图	活動圖	actograph
活动休眠体	活動遷移體	active hypopus, hypopus motile
活化作用	活化作用	activation
活食者	活食者	biophage

大　陆　名	台　灣　名	英　文　名
活性组分	活性成份	active ingredient
活质体	活質體	energid
霍氏封固液(霍氏液)	霍氏液	Hoyer's medium

J

大　陆　名	台　灣　名	英　文　名
击倒抗性	抗擊倒性	knock down resistance, kdr
击倒中量	半數擊倒劑量	median knock-down dosage, KD_{50}
击倒中时	半數擊倒時間	median knock-down time, KT_{50}
基侧片	真轉節區,基側片	coxola, eutrochantin, coxopleurite, trochantinopleura
基础生态位	基礎生態席位	fundamental niche
基跗节	基跗節	basitarsus
基腹弧	負性片	vinculum
基腹片	主腹片	basisternum
基骨片	基骨片	basilar sclerite
基股节,基腿节	基腿節	basifemur
基后桥	基節後側腹合區	postcoxale, postcoxalia(复), postcoxal bridge
基喙	喙基	basiproboscis
基节	基節	coxa, coxae(复)
基节板	基節板	epimeral plate, coxal plate
基节板孔	基節板孔	epimeron pore
基节板毛	基節板毛	epimeral seta
基节板群	基節板群	coxal group, epimeron group
基节缝	基節縫	coxasuture
基[节]间板	基節間板	intercoxal plate
基节间毛(=亚肩毛)		
基节毛	基節毛	coxisternal seta, coxal seta
基节上毛	基節上毛,上基節剛毛	supracoxal seta
基节上腺	基節上腺	supracoxal gland
基节上褶	基節上褶	supracoxal fold
基节突	基節突	coxal process, coxacoila
基节窝	基節窩	coxal cavity, acetabulum, acetabula(复)
基节腺	基節腺	coxal gland
基节腺毛	基節腺毛	epiroglandularia
基节液	基節液	coxal fluid

大　陆　名	台　灣　名	英　文　名
基节褶	基節褶	coxal fold
基鳞片	基鳞片,頂鱗片	basicosta
基毛	基毛	bases seta
基膜	基底膜	basement membrane
基前桥	基節前側腹合區	precoxale, precoxalia(复), precoxal bridge
基突	基突	cornu, cornua(复)
基腿节(=基股节)		
基胸板	基胸板	coxisternal plate
基胸毛	基胸毛	coxisternal seta
基因毒性	遺傳毒性	genotoxicity
基因扩增	基因複增	gene amplification
基因调节	基因調節	gene-regulation
基因座	基因座	locus
基褶	翅基摺	basal fold, plica basalis
基肢节	肢基節	coxopodite
基肢片	腹足基片	coxite, coxosternite
基转片	轉動小片	trochantin
机会因子	機會因數	opportunity factor
畸形发生	畸形發生	teratogenesis
畸形细胞	畸形細胞	teratocyte
畸形学	畸形學	teratology
肌节	肌節	myotome
肌粒	肌粒	sarcosome
激活因子	興奮劑,啟動子(**激活因子**)	incitant
激活中心	活化中心	activation center
激素应答单元	激素反應單元	hormone response element, HRE
激脂激素	激脂激素	adipokinetic hormone, AKH
襀翅目	襀翅目	Plecoptera, Plectoptera
吉氏器	吉氏器	Gene's organ
极细胞	極細胞	pole cell
棘区	棘區	cribrum
集聚细胞(**排泄细胞**)	排泄細胞	nephrocyte
急性毒性	急性毒性	acute toxicity
急性麻痹病	急性麻痺病	acute paralysis
级	級	grade
级联模型	級聯模型	cascade model

大　陆　名	台　灣　名	英　文　名
几丁二糖	幾丁二糖	chitobiose
几丁质	幾丁質	chitin
几丁质合成酶	幾丁質合成酶	chitin synthetase
几丁质合成酶抑制剂	幾丁質合成酶抑制劑	chitin-synthetase inhibitor
几丁质酶	幾丁質酶	chitinase
脊	冠片	crista
T 脊(T 形脊)	T 形脊	Tau ridge
脊椎动物选择性比例	脊椎動物選擇性比例	vertebrate selectivity ratio, VSR
嵴,假眉	脊	ridge
季节胎生	季節胎生	seasonal viviparity
剂量对数–机值回归线	劑量對數機率線	log dosage probability line, LD-P line
剂量–死亡率曲线	劑量/死亡率曲線	dosage-mortality curve
剂量与反应关系	劑量與反應相關性	dosage-response relationship
剂型	劑型	formulation
寄螨目(=非辐毛总目)	寄螨目	Parasitiformes(= Anactinotrichida)
寄生	寄生	parasitism
寄生部	寄生類	Parasitica
寄生性螨类	寄生性螨類	parasitic mites
寄食昆虫	客居生物	inquiline
寄殖螨亚目	寄殖螨亞目	Parasitengona
寄主(=宿主)		
寄主识别	寄主識別	host recognition
寄主植物	寄主植物	host plant
记忆	記憶	memory
继发感染	繼發感染	secondary infection
家蚕肽	家蠶肽	bombyxin
家蚕微粒子病	蠶微粒子病	pebrine disease
家蝇性诱剂	家蠅性誘劑	muscalure
家族群	家族群	kin group
荚膜(=颗粒体)		
颊	頰	gena, genae(复), bucca, cheeks
颊隆面	頰隆面	buccal dilation, occiput dilation
颊毛	頰毛	genal seta
颊突	頰突	genal process
颊下沟	頰下縫	subgenal sutures
颊叶	頰	cheek
颊栉	頰櫛	genal comb

大　陆　名	台　灣　名	英　文　名
甲螨目	甲螨亞目	Oribatida
甲脒类杀虫剂	甲脒類殺蟲劑	formamidines
胛毛	胛毛	scapular seta
假螯	假螯	pseudochela
假单孢氧还蛋白	假單孢氧還原蛋白質	putidaredoxin
假盾区	假盾區	pseudoscutum
假寄生,拟寄生	假寄生	pseudoparasitism
假眉(=嵴)		eye-brow(=ridge)
假气管(=唇瓣环沟)		
假气门毛	假氣門毛	pseudostigmatic seta
假气门器	假氣門器	pseudostigmata, pseudostigmatal organ
假死	假死	thanatosis
假眼	假眼	pseudoculus
假衍征(=非同源共同衍征)		pseudoapomorphy(= nonhomologus synapomorphy)
假助螯器	假助螯器	pseudorutellum, pseudorutella(复)
尖突	尖突	cuspis, cuspides（复）
间插脉(=闰脉)		
间翅亚目	間翅亞目	Anisozygoptera
间额	額間帶	interfrontalia, frontal vitta
间额鬃	間額剛毛	interfrontal bristle
间腹片	間腹片	intersternite
间级	中間型	intercaste
间毛	間毛	intercalary seta, intermedial seta
间生态	復甦	anabiosis
间弦音器	間弦音器	intermediate chordotonal organ
兼性病原体	兼性病原體	facultative pathogen
兼性病原性细菌	兼性病原性細菌	facultative pathogenic bacteria
兼性孤雌生殖	兼性單性生殖	facultative parthenogenesis
兼性寄生	兼性寄生	facultative parasitism
兼性滞育	兼性滞育	facultative diapause
肩板	肩板,上膊板	humeral plate
肩横脉	肩橫脈,上膊橫脈	humeral crossvein
肩后鬃	肩後剛毛	posthumeral bristle
肩胛	肩胛,上膊板	humeral callus
肩角	肩角,上膊角	humeral angle
肩毛	肩毛,膊剛毛	humeral seta, humerals
肩区	肩區	humeral region

大　陆　名	台　灣　名	英　文　名
肩突	肩突	humeral projection, scapula
肩鬃	肩鬃,上膊剛毛	humeral bristle
茧酶	繭酶	cocoonase
检索表	分類檢索表	key
检疫	檢疫	quarantine
检疫昆虫学	檢疫昆蟲學	quarantine entomology
检疫区	檢疫區	quarantine area
碱腺(＝杜氏腺)	鹼腺(＝杜福氏腺)	alkaline gland(＝Dufour's gland)
简缩发生	簡縮發生	tachygenesis
减毒作用	減毒作用	attenuation
渐变态类	微變態類,漸進變態類	paurometabola
僵住状	僵住狀	catalepsy
浆膜表皮	漿膜表皮	serosal cuticle
浆细胞	血漿細胞	plasmatocyte
绛色细胞	扁桃細胞	oneocyte
胶蛋白	膠蛋白	glue protein
交哺现象	交哺現象	trophallaxis
交哺腺	交哺腺	trophallactic gland
交叉感染	交叉感染	cross infection, cross transmission
交感神经系统	交感神經系統	sympathetic nervous system, stomodeal nervous system
交互抗性	交互抗性	cross resistance
交换库	交換庫	exchange pool
交配干扰	交配干擾	mating disruption
交配孔(＝交尾孔)		
交配囊	交尾囊	copulatory pouch, bursa copulatrix(拉)
交替底物抑制	交替受質抑制作用	alternative substrate inhibition
交尾	交尾	copulation
交尾孔,交配孔	生殖孔	ostium, ostia(复)
交尾器	交尾器	copulatory organ
嚼吸式口器	嚼吸式口器	biting-sucking mouthparts
角后瘤	觸角基瘤	postantennal tubercle
角基膜	觸角基膜	antacoria, basantenna
角膜伪瞳孔	角膜偽瞳孔	cornea pseudopupil
角下沟(＝额颊沟)		subantennal suture(＝frontogenal suture)
接眼式	接眼式	holoptic type
阶脉	階脈	gradate crossvein
阶元系统(＝序位体		

大 陆 名	台 灣 名	英 文 名
系)		
节腹亚目	節腹亞目	Arthropleona
节间膜	節間膜	intersegmental membrane，conjunctivum，conjunctivae（复）
节间褶	節間褶	intersegmental fold
节肢动物门	節肢動物門	Arthropoda
节肢弹性蛋白	節肢彈性蛋白	risilin
结脉	翅切，小節	node，nodus，nodi（复）
结群防卫	群體防衛	group defence
结群行为	群體行爲	grouping behavior
拮抗作用	拮抗作用	antagonism
拮鬃	拮鬃	antagonistic bristle
解毒作用	解毒作用	detoxification
解离常数	解離常數	dissociation constant
姐妹群	姐妹群	sister group
姐妹种，近缘种	同胞種	sibling species
芥毛	芥毛	famulus，famuli（复）
介体	載體，病媒	vector
疥疮	疥瘡	scabies
疥螨	疥蟎	sarcoptid mite
蚧亚目	蚧亞目	Coccinea，Coccomorpha
金蝶呤	金蝶呤	chrysopterin
紧张感受器	聲音感受器	tonic receptor
进化对策（**演化策略**）	演化策略	evolutionary strategy
进化分类学	進化分類學	evolutionary taxonomy
进化新征	進化新徵	evolutionary novelty
进化种	進化種	evolutionary species
近缘种(=姐妹种)		
荆毛	荊毛	eupathidium，eupathidia（复），acanthoides
茎节	小顎莖節（**莖節**）	stipes，stipites（复）
茎口	口針通道	stylostome
晶体蛋白基因	晶體蛋白基因	crystal protein gene
晶突	晶突	conea
晶锥	圓晶錐體	crystalline cone
晶锥眼	真晶錐眼	eucone eye，eucone ommatidum
精包	精包	spermatophore，spermatophora（拉）
精包蛋白	精包蛋白	spermatophorin

大　陆　名	台　灣　名	英　文　名
精包膜,外精包	外精包	ectospermatophore
精泵	精子泵	sperm pump
精巢	精巢	testis, testes(复)
精巢管	微精管	testicular tube, testicular follicle
精孔	精孔	micropyle
精器	精器	phorotype, spermatophorotype
经发育期传递	經發育期傳播	trans-stadial transmission
经济昆虫学(=应用昆虫学)	經濟昆蟲學(=應用昆蟲學)	economic entomology(=applied entomology)
经济生态系统	經濟生態系	economic ecosystem
经济阈值	經濟閾值,經濟限界	economic threshold
经口	經口	peroral, per os
经卵表传递	經卵傳播	transovum transmission
经卵巢传递	經卵巢傳播	transovarian transmission
警戒色	警戒色	warning coloration, aposematic coloration
警戒信息素	報警費洛蒙,警戒費洛蒙	alarm pheromone, alert pheromone
警戒作用	警戒作用	aposematism
胫背毛	脛背毛	dorsal tibial seta
胫鞭毛	脛鞭毛	mastitibiala, mastibial seta
胫侧毛	脛側毛	lateral tibial seta
胫跗节	脛跗節	tibiotarsus
胫腹毛	脛腹毛	ventral tibial seta
胫节	脛節	tibia, tibiae(复)
胫节距	脛距	tibial spur
胫棱亚目	脛棱亞目	Areolatae
胫毛	脛毛	tibiala, tibial seta
胫缘亚目	脛緣亞目	Anareolatae
颈板	頸板	jugularium, jugularia(复), jugular plate, jugular shield
颈部	頸部	cervicum, cervix, crag
颈缝	頸縫	sejugal suture
颈沟	頸溝	cervical groove
颈膜	頸膜	cervical membrane, cervacoria
颈片	頸骨片	cervical sclerites, cervicalia jugular sclerites
静水生态系统	靜水生態系	lentic ecosystem
静态生命表	靜態生命表	static life table

大　陆　名	台　灣　名	英　文　名
静止期	靜止期	quiescence
径分脉	徑分脈	radial sector
径干脉	徑幹脈	radial stem vein
径横脉	徑脈横脈	radial crossvein
径脉	徑脈	radius
径脉结节	徑脈結節	radial node
径室	徑脈室	radial cell
径中横脉	徑中横脈	radio-medial crossvein
竞争	競爭	competition
净繁殖率	淨繁殖率	net reproductive rate
净角器	清角器	strigilis, antenna cleaner
臼齿	磨面	mola
就地保育	就地保育	*in situ* conservation
就地基因库	就地基因庫	*in situ* gene bank
局部分泌	局部分泌	merocriny, merocrine secretion
局部卵裂	局部卵裂	meroblastic division
咀嚼式口器	咀嚼式口器	chewing mouthparts, biting mouthparts
咀吮式口器	咀舐式口器	chewing-lapping mouthparts
聚合体	聚合體	aggregate
聚集	聚集	aggregation
聚集分布	聚集分佈	aggregated distribution
聚集信息素	聚集費洛蒙	aggregation pheromone, assembly phero-mone
聚扰	聚擾	mobbing
拒食剂	拒食劑	antifeedant
巨板型	巨板型	macrosclerosae
巨螨目	巨螨亞目	Holothyrida
巨毛	巨毛	macrochaeta
巨形细胞(=畸形细胞)	巨細胞(=畸形細胞)	giant cell(=teratocyte)
巨轴突	巨軸突	giant axon
具翅胸节(=翅胸)		
具橛感器	導音管,導音感覺器	scolopidium, scolopophorous sensillum, sensillum scolopophorum (拉)
具橛神经胞	導音管	scolophore
具滋卵巢管	滋養型微卵管	meroistic ovariole
锯齿形飞行	鋸齒形飛行	zigzag flight
锯角组	鋸角類	Serricomia

大　陆　名	台　湾　名	英　文　名
卷喙	卷喙	lacinia convoluta
绝对异名	絕對異名	absolute synonym
绝灭	絕滅	extinction
均翅亚目	均翅亞目	Zygoptera
均匀分布	均匀分佈	uniform distribution
菌食性螨类	菌食性螨類	mycetophagous mites, mycophagous mites
菌室	菌室	mycangial cavity
菌血病	菌血症	bacteremia

K

大　陆　名	台　湾　名	英　文　名
开掘足	開掘足	fossorial leg
开室	開室	open cell
凯萨努森林病	凱薩努森林病	Kyasanur forest disease
凯氏液	凱氏液	Keifer's solution
抗胆碱酯酶剂	抗膽鹼酯酶劑	anticholinesterase agents
抗冻蛋白	抗凍蛋白	antifreeze protein
抗毒剂	拮抗劑	antidote
抗击倒基因	抗擊倒性基因	knock down resistance gene
抗聚集信息素	抗聚集費洛蒙	epideictic pheromone
抗利尿激素(＝抗利尿肽)	抗利尿激素	antidiuretic hormone (＝antidiuretic peptide)
抗利尿肽		antidiuretic peptide
抗凝血剂	抗凝血劑	anticoagulant
抗生作用	抗生作用	antibiosis
抗体	抗體	antibody
抗性等位基因	等位抗性基因	resistance allele
抗性基因	抗性基因	resistant gene
抗性基因频率	抗性基因頻率	resistance gene frequency
抗性治理	抗藥性管理	resistance management
抗药性监测	抗藥性監測	monitoring for resistance
抗药性检测	抗藥性檢定	detection for resistance
抗药性指数	抗性指數	resistance index
抗引诱剂	抗引誘劑	anti-attractant
抗原	抗原	antigen
柯氏液	柯氏液	Koenike's solution
颗粒体,荚膜	顆粒體	granule, capsule

大　陆　名	台　灣　名	英　文　名
颗粒体病	顆粒體病	granulosis
颗粒体病毒	顆粒體病毒	granulosis virus, GV
颗粒体蛋白	顆粒體蛋白素	granulin
颗粒血细胞	顆粒血細胞	granulocyte, granular hemocyte
科	科	family
髁	髁	condyle
髁突(**骨突**)	骨突	condyle, condylus, condyli(复)
颏	下唇基節	mentum
颏盖	頦蓋	mentotectum
颏毛	頦毛	mentum seta
可动型翅形体	可動型翅形體	movable pteromopha
可逆性抑制剂	可逆性抑制劑	reversible inhibitor
可诱发基因	可誘發基因	inducible gene
克里木–刚果出血热,蜱媒出血热	克裏木–剛果出血熱	Crimean-Congo haemorrhagic fever
克氏器	克氏器	Claparede's organ
刻点	點刻	punctation
刻纹	斑紋	sculpture, maculation
客虫	客蟲	synoëkete
客栖	客棲	metochy, synoëcy, symphily
空间视觉	空間視覺	spatial vision
空间整合	空間整合	spatial integration
孔道	孔道	pore canal
孔区	孔區	porosa area
口	口	mouth
口侧沟	口側縫	pleurostomal suture
口侧毛	口側毛	adoral seta
口侧区	口側區	pleurostomal area
口道	口陷	stomodaeum, stomodeum
口钩	口鉤	oral hooks, mouth hooks
口后沟	口下縫	hypostomal suture
口后片	口下片	hypostomal sclerite
口后桥	口下橋	hypostomal bridge
口后区	口下區	hypostomal area
口盘	口盤	oral disc
口器	口器	mouthparts, trophi
口前腔	口前腔	preoral cavity, mouth cavity
口前栉	口前櫛	preoral comb

大　陆　名	台　灣　名	英　文　名
口腔	口腔	buccal cavity, oral cavity
口上沟(=额唇基沟)		epistomal suture(= frontoclypeal suture)
口上片	口上區	epistoma
口外消化	口外消化	extra-oral digestion
口下板	口下板	hypostomal plate, hypostome
口下板后毛	口下板後毛	posthypostomal seta
口下板毛	口下板毛	hypostomal seta
口缘	口緣	peristome, peristomium, peristoma(复)
口缘鬃	口緣剛毛	peristomal bristle
口针	口針	stabbers, stylet
口针鞘	口針鞘	stylophore
口鬃	髭毛	beard, mystax
苦毒宁受体	苦毒寧受體	picrotoxin receptor
跨纤维传导型	跨纖維傳導型	across fiber patterning
昆虫病理学	昆蟲病理學	insect pathology
昆虫病原性	昆蟲病原性	entomopathogenicity
昆虫超微结构	昆蟲超微結構	insect ultrastructure
昆虫传播	昆蟲傳播	entomochory
昆虫痘病毒	昆蟲痘病毒	entomopox virus, EPV
昆虫痘病毒病	昆蟲痘病毒病	entomopox virus disease
昆虫毒理学	昆蟲毒理學	insect toxicology
昆虫分子生物学	昆蟲分子生物學	insect molecular biology
昆虫纲	昆蟲綱	Insecta
昆虫技术学	昆蟲技術學	insect technology
昆虫寄生性线虫	蟲生線蟲	entomogenous nematode
昆虫精子学	昆蟲精子學	insect spermatology
昆虫免疫原	昆蟲抗原	insect immunogen
昆虫胚胎学	昆蟲胚胎學	insect embryology
昆虫神经肽	昆蟲神經肽	insect neuropeptide
昆虫生理学	昆蟲生理學	insect physiology
昆虫生态学	昆蟲生態學	insect ecology
昆虫生物地理学	昆蟲生物地理學	insect biogeography
昆虫生物化学	昆蟲生物化學	insect biochemistry
昆虫生物学	昆蟲生物學	insect bionomics, insect biology
昆虫生长调节剂	昆蟲生長調節劑	insect growth regulator, IGR
昆虫食谱学	昆蟲食譜學	insect dietetics
昆虫系统学	昆蟲系統分類學	insect systematics
昆虫细胞遗传学	昆蟲細胞遺傳學	insect cytogenetics

大　陆　名	台　灣　名	英　文　名
昆虫形态测量(**昆虫形态测量学**)	昆蟲形態測量學	insect morphometrics
昆虫形态学	昆蟲形態學	insect morphology
昆虫行为学	昆蟲行爲學	insect ethology, insect behavior
昆虫学	昆蟲學	entomology
昆虫药理学	昆蟲藥理學	insect pharmacology
昆虫资源	昆蟲資源	insect resources
扩散	分散	dispersion, dispersal
扩散蚜	擴散蚜	vagrant

L

大　陆　名	台　灣　名	英　文　名
蜡被	蠟被	cerotegument
蜡蝉亚目	蠟蟬亞目	Fulgoromorpha
蜡丝	蠟絲	wax filaments
蜡状芽孢杆菌	蠟狀芽孢桿菌	*Bacillus cercus*
莱姆病	萊姆病	Lyme disease
蓝色病	藍色病	blue disease
兰加特脑炎	蘭加特腦炎	Langat encephalitis
廊道	廊道	corridor
酪氨酸酚溶酶	酪氨酸溶酶	tyrosine phenol-lyase
累变发生,前进进化	累變進化	anagenesis
类白僵菌素Ⅱ	類白僵菌素Ⅱ	bassianolide Ⅱ
类共生,准共生	准共生	parasymbiosis
类固醇生成激素	類固醇生成激素	steroidogenic hormone
类社会性昆虫	類社會性昆蟲	parasocial insect
类信息素	類費洛蒙	parapheromone
梨浆虫病	梨形蟲病	piroplasmosis
离壁具橛胞	離皮導音管	subintegumental scolophore
离壳型	離殼型	apoheredermes
离散时间模型	離散時間模型	discrete time model
离体代谢	離體代謝,試管代謝	*in vitro* metabolism
离眼式	離眼式	dichoptic type
离蛹,裸蛹	裸蛹	free pupa, pupa exarata
离子通道	離子通道	ionic channel
离子转运肽	離子運送肽	ion transport peptide
丽蝇蛋白	麗蠅蛋白	calliphorin

大　陆　名	台　灣　名	英　文　名
利尿激素(＝利尿肽)	利尿激素	diuretic hormone(＝diuretic peptide)
利尿肽		diuretic peptide
利他现象	利他現象	altruism
立克次体病	立克次體病	rickettsiosis
联立像	聯立影像	apposition image
联立眼	聯立眼	apposition eye
联络神经元(＝中间神经元)		association neuron(＝interneuron)
联系学习	聯繫學習	associative learning
两端气门呼吸	兩端氣門呼吸	amphipneustic respiration
两性生殖(＝有性生殖)	兩性生殖(＝有性生殖)	amphigony（＝gamogenesis）
列氏腺	列氏腺	Lyonnet's gland
裂背板	裂背板	schizodorsal plate
裂翅亚目	裂翅亞目	Achreioptera
裂出	裂出	schizechenosy
裂盾亚目	長鞘蜉蝣亞目	Schistonota
裂缝	裂縫,裂溝	cleft
裂腹型	裂腹型	schizogastric type
猎物,被食者	獵物,被捕者	prey
磷酸二酯水解酶	磷酸二酯水解酶	phosphodiester hydrolase
磷酸化胆碱酯酶	磷酸化膽鹼酯酶	phosphorylated cholinesterase
磷酸酯酶	磷酸酯酶	phosphatase
磷酰化常数	磷醯化常數	phosphorylation constant
临界光周期	臨界光週期	critical photoperiod
临界温度	臨界溫度	critical temperature
临时驻栖(**露营**)	野營(**露營**)	bivouac
鳞翅目	鱗翅目	Lepidoptera
鳞片	鱗片	scale, lepis
鳞形感器	鱗狀感覺器	squamiform sensillum, sensillum squamiformium(拉)
龄	齡	instar
龄期	齡期	stadium, stadia（复）
领片	肩板,頸板	patagium, patagia（复）
领域防御	領域防禦	territory defence
领域信息素	領域費洛蒙	territorial pheromone
领域性	領域	territoriality
琉蚁二醛	琉蟻二醛	iridodial

大　陆　名	台　灣　名	英　文　名
硫酸阿托品	阿托平	atropine sulfate
流窜种	流竄種	fugitive species
流水生态系统	流水生態系	lotic ecosystem
流行率(=现患率)		
流行性出血热(=肾综合征出血热)		
六足类	六足類	Hexapoda
龙虱甾酮	龍蝨固酮	cybisterone
颅侧区	頭側區	parietal
卤化烃化物	氯化烴毒殺劑	halogenated hydrocarbons
滤食类	濾食類	filter feeder
滤室	濾室	filter chamber
绿僵病	綠僵病	green muscardine
绿僵菌素	綠僵菌素	destruxins
绿敏细胞	綠敏細胞	green-sensitive cell
卵	卵	egg, ovum, ova(复)
卵孢白僵菌素	卵孢白僵菌素	tenellin
卵孢素	卵孢素	oosporein
卵巢	卵巢	ovary
卵巢成熟肽	卵巢成熟肽	ovary maturating pasin
卵巢管	微卵管	ovariole
卵巢蜕皮素形成激素	卵巢蛻皮素生成激素	ovarian ecdysteroidergic hormone, OEH
卵发育神经激素	卵發育神經分泌激素	egg development neurosecretory hormone, EDNH
卵盖	卵蓋	egg cap
卵黄	卵黃	vitellus, yolk
卵黄蛋白	卵黃蛋白	vitellin, Vt, yolk protein
卵黄发生	卵黃發生	vitellogenesis
卵黄原蛋白	卵黃原蛋白	vitellogenin, Vg
卵裂中心	卵裂中心	cleavage center
卵泡开放	濾泡開放	follicle patency
卵泡特异蛋白	濾泡特異蛋白	follicle-specific protein
卵泡细胞	卵泡細胞	follicle cell
卵壳	卵殼	chorion
卵壳蛋白	卵殼蛋白	chorionin, chorion protein
卵壳发生	卵殼發生	choriogenesis
卵鞘蛋白	卵鞘蛋白	oothecin
卵室	卵室	egg chamber

大　陆　名	台　灣　名	英　文　名
卵胎生	卵胎生	ovoviviparity
卵特异蛋白	卵特異蛋白	egg-specific protein
卵吸收	卵吸收	oosorption
卵蛹	卵蛹	schadonophan
卵质体	卵質體	oosome
卵周质	卵周質膜	periplasm
掠夺信息素	掠奪費洛蒙	robbing pheromone
伦氏液	倫氏液	Lundlad's solution
螺旋丝	螺旋帶	taenidium, taenidia（复）
螺原体	螺漿體	spiroplasma
罗汉松甾酮 A	羅漢松固酮 A	makisterone A
逻辑斯谛曲线	推理曲線	logistic curve
裸名（＝无记述名）		
裸蛹（＝离蛹）		
落基山斑疹热	落基山斑疹熱	Rocky Mountain spotted fever
洛氏病	洛氏病	Lorsch disease

M

大　陆　名	台　灣　名	英　文　名
麻蝇半胱氨酸蛋白酶抑 　制蛋白	麻蠅半胱氨酸蛋白酶抑 　制蛋白	sarcocystatin
马来亚病	馬來亞病	Malaya disease
马氏管	馬氏小管	Malpighian tube, vasa mucosa（拉）
脉翅目	脈翅目	Neuroptera
脉段	脈段	vein sector
脉相（＝脉序）		
脉序,脉相	脈相	venation, nervulation, neuration
螨病	螨病	acariasis, acaridiasis, acarinosis
螨岛	螨島	mite island
螨类群落带	螨類分佈帶	zone of acarina
螨性变态反应	螨敏感	mite sensitivity
螨性皮炎	螨性皮炎	acarodermatisis
慢性麻痹病	慢性麻痹病	chronic paralysis
漫行期（＝游移期）		
盲管	盲束	diverticulum
锚突	胸突	anchoral process
毛	毛	pilus, pili（复）

大　陆　名	台　灣　名	英　文　名
毛被	被毛狀	pile, pilosity
毛翅目	毛翅目	Trichoptera
毛顶蛾亚目	毛頂蛾亞目	Dacnonycha
毛瘤	叢毛瘤突(**毛瘤**)	verruca
毛隆	毛隆體	chaetosema
毛窝	毛窩	alveolus, alveoli（复）
毛形感器	毛狀感覺器	trichoid sensillum, sensillum trichodeum （拉）
毛序	毛序	chaetotaxy
毛瘿,毛毡	毛瘿,絨毛	erineum, erinea（复）
毛原细胞	生毛細胞	trichogen, trichogenous cell
毛毡(＝毛瘿)		
矛形雄蚁	矛形雄蟻	dorylaner
酶调节[作用]	酵素調節機制	enzyme regulation
莓螨器	莓螨器	rhagidial organ
美洲幼虫腐臭病	美洲幼蟲腐敗病	American foulbrood
门控电流	門控電流	gating current
米勒拟态	米勒擬態	Müllerian mimicry
米勒器	米勒器	Müller's organ
觅食	覓食	foraging
觅食策略	覓食策略	foraging strategy
泌丝器	絹絲腺	sericterium, sericteria（复）
蜜蜂抗菌肽	蜜蜂抗菌素	apidaecin
蜜蜂微粒子病	微粒子病(**蜜蜂微粒子病**)	nosema disease
蜜蜂蝇蛆病	蜜蜂蝇蛆病	apimyiasis
蜜露	蜜露	manna, honeydew
蜜囊(＝蜜胃)		
蜜胃,蜜囊	蜜囊	honey stomach, honey sac
密度制约	密度依變	density dependence
棉象甲性诱剂	棉象甲性誘劑	grandlure
绵毛	綿毛	pubes, tomentum
免疫反应	免疫反應	immunological response, immunization
免疫性	免疫	immunity
黾蝽次目	水黽部	Gerromorpha
敏感性	敏感性	sensitivity
明斑	明斑	corneus point
明斑室	扇室	thyridial cell

大　陆　名	台　灣　名	英　文　名
命名法	命名法	nomenclature
模拟多态	仿真多態	mimetic polymorphism
模式标本	模式標本	type specimen
模式产地	模式産地	type locality
模式识别	模式識別	pattern recognition
模式种	模式種	type species
膜翅目	膜翅目	Hymenoptera
膜片	膜	membrane
膜片钳	膜片鉗	patch clamp
膜原细胞	臼細胞	tormogen, tormogen cell
摩擦发音	摩擦發音	stridulation
末体	末體	opisthosoma
末体板	末體板	opisthosomatal plate
末体背板	末體背板	opisthonotal shield, opisthonotum
末体侧腺	末體側腺	latero-opisthosomal gland
末体腹板	末體腹板	opisthoventral shield
末体腹中毛	末體腹中毛	medioventral opisthosomal seta
母体效应基因	母體效應基因	maternal effect gene
幕骨	幕狀骨	tentorium, tentoria（复）
幕骨陷	幕狀骨穴	tentorial pit
木虱亚目	木蝨亞目	Psyllomorpha
目	目	order

N

大　陆　名	台　灣　名	英　文　名
纳精型	納精型	tocospermic type
耐寒性	耐寒性	cold hardiness, cold tolerance, cold resistance
耐受性	耐受性	tolerance
耐药性	耐藥性	insecticide tolerance
奈曼分布	奈曼分佈	Neyman distribution
南部松小蠹诱剂	南部松小蠹誘劑	frontalin
南蜻亚目	南蜻翅亞目	Antarctoperlaria
南极界（**南极区**）	南極區	Antarctic Realm
囊雏病	囊雛病	sacbrood
囊导管	交尾囊管	ductus bursae（拉）
囊毛	囊毛	vesicular seta

大　陆　名	台　灣　名	英　文　名
囊膜	被膜	envelope
囊泡病毒	子囊病毒	ascovirus
囊突	囊突	signum
囊形突	囊狀器	saccus
脑	腦	cerebrum
脑激素(=促前胸腺激素)		brain hormone(=prothoracicotropic hormone)
脑下神经节	腦下神經球	hypocerebral ganglion
内表皮	內表皮	endocuticle, entocuticle, endocuticula(拉)
内禀增长率	內在增殖率	intrinsic rate of increase
内产卵瓣	內產卵瓣	intervalvula, intervalvulae(复)
内翅类	內生翅類	Endopterygota
内唇	上咽頭	epipharynx, epiglossa, epiglottis
内唇片	上咽頭骨片	epipharyngeal sclerites
δ内毒素(=伴孢晶体)	δ內毒素(側孢體)	δ-endotoxin(=parasporal crysal)
内颚侧叶	內顎側葉	lacinella
内颚叶	內顎葉	lacinia, laciniae(复)
内分泌腺	內分泌腺	endocrine gland
内感受器	內感器	interoceptor
内革片	內革片	endocorium
内共生	內共生	endosymbiosis
内骨骼	內骨骼	endoskeleton
内寄生物	內寄生者	endoparasite
内寄生螨类	內寄生蟎類	endoparasitic mites
内交叉	內叉形神經	internal chiasma
内精包	內精包	endospermatophore
内卵壳	內卵殼	endochorion
内膜(=壳体)		inner membrane(=capsid), intimate membrane
内群	內群	ingroup
内吞作用	胞飲作用	endocytosis
内外偶联	拽引,偶聯	entrainment
内吸杀虫剂	系统性殺蟲劑	systemic insecticide
内膝毛	內膝毛	internal genual seta
内阳茎	內陰莖	endophallus
内阳茎基鞘	內鞘	endotheca
内叶	肢內葉	endite

大　陆　名	台　灣　名	英　文　名
内源节律	內源節律	endogenous rhythm
内在毒性	內在毒性	intrinsic toxicity
内脏神经系统（＝交感 　神经系统）	內臟神經系統（＝交感 　神經系統）	visceral nervous system（＝sympathetic 　nervous system）
内肢节	內肢	endopodite
内殖毛	內殖毛	endogenital seta
能量	能量	energy
能量耗散	能量耗散	energy dissipation
能量流	能量流	energy flow
能量收支	能量收支	energy budget
能量输出	能量輸出	energy output
能量输入	能量輸入	energy input
能量效率	能量效率	energy efficiency
能量转换	能量轉換	energy transformation
能量锥体	能量金字塔	energy pyramid
能值	能量值	energy value
拟辨识色	擬辨識色	pseudosematic color
拟除虫菊酯类杀虫剂	合成除蟲菊精殺蟲劑	pyrethroid insecticides
拟胆碱酯酶	擬膽鹼酯酶	pseudocholine esterase，ψChE
拟工蚁	擬工蟻	ergatoid
拟寄生（＝假寄生）		
拟寄生物	擬寄生者	parasitoid
拟平衡棒	假平衡棍	pseudohalteres，pseudo-elytra
拟青腰虫素	擬青腰蟲素	pseudopederin
拟三爪蚴	擬三爪型	triungulid
拟四跗类	擬四節類（**擬四跗類**）	Pseudotetramera
拟态	擬態	mimicry
拟态客虫	擬態客蟲	mimetic synoëkete
拟蚁客	擬蟻客	pseudosymphile
拟蛹	亞若蟲	subnymph
年龄特征生命表	齡別生命表	age-specific life table
黏管	黏管	collophore
黏毛	黏毛	tenent hair
黏器官（＝黏毛）	黏器（＝黏毛）	adhesive organ（＝tenent hair）
捻翅目	撚翅目	Strepsiptera
尿囊素	尿囊素	allantoin
尿囊酸	尿囊酸	allantoic acid
尿酸盐细胞	尿酸鹽細胞	urate cell，urocyte

大　陆　名	台　灣　名	英　文　名
啮虫目	嚙蟲目	Psocoptera, Copeognatha, Corrodentia
啮亚目	嚙亞目	Psocomorpha
颞毛	顳毛	temporal seta
牛膝蜕皮酮	牛膝蛻皮酮	inokosterone
脓病,黄疸病	膿病	grasserie, jaundice
浓核病毒	濃核病毒	densonucleosis virus, densovirus
浓核症	濃核症	densonucleosis
农村生态系统	農村生態系	rural ecosystem
农林复合生态系统	農林複合生態系	agro-forest ecosystem
农药环境毒理学	環境毒理學	environmental toxicology
农业昆虫学	農業昆蟲學	agricultural entomology
农业生态系统	農業生態系	agro-ecosystem
农业生物群落	農業生物群集	agrobiocoenosis
农业螨类学	農業蟎類學	agricultural acarology
奴工蚁	奴工蟻	auxiliary worker
奴役[现象]	奴役[現象]	dulosis

O

大　陆　名	台　灣　名	英　文　名
偶见宿主	偶然寄主	accidental host
偶然共栖	偶然共棲	synclerobiosis

P

大　陆　名	台　灣　名	英　文　名
排拒作用	排拒作用	antixenosis
排胃	排胃	enteric discharge
攀附足	攀附足	scansorial leg
攀缘竞争	共滅型競爭	scramble competition
盘窝	盤窩	disc
旁额毛	側額剛毛	adfrontal seta
旁额片	側額片	adfrontal sclerites
胚带,胚盘	胚帶	germ band, germinal band
胚动	胚動	blastokinesis
胚盘(=胚带)		germ disc(=germ band)
胚胎包膜	胚胎包膜	embryonic envelope
胚胎表皮	胚胎表皮	embryonic cuticle

大　陆　名	台　灣　名	英　文　名
胚体上升	倒胚法,倒胚作用	anatrepsis
胚体下降	胚體下降	catatrepsis，katatrepsis
配模	配模	allotype
配偶素	配偶素	matrone
膨大跗端	撥掘肢	vexillum
皮层溶离	蛻離	apolysis
皮刺螨亚目	皮刺蟎亞目	Dermanyssina
皮肌纤维	表皮纖維	tonofibrilla，tonofibrillae（复）
皮腺	皮腺	dermal gland
蜱传麻痹症,蜱瘫	蜱傳痲痹症	tick-borne paralysis
蜱螨亚纲	蟎蜱亞綱	Acari
蜱媒出血热(=克里木- 刚果出血热)		
蜱媒回归热	蜱媒回歸熱	tick-borne recurrens，spirochaetosis
蜱媒脑炎	蜱媒腦炎	tick-borne encephalitis
蜱目	蜱亞目,真蜱	Ixodida
蜱瘫(=蜱传麻痹症)		
偏害共生	片害共生	amensalism
偏利共生	片利共生	commensalism
偏益素	偏益素	apneumone
偏振光视觉(**偏光视 觉**)	偏光視覺	polarization vision
瓢虫生物碱	瓢蟲生物鹼	coccinellin
苹果小卷蛾性诱剂	蘋果小卷蛾性誘劑	codlemone
平衡棒	平衡棍	halter，malleoli，poisers
平均拥挤度	平均擁擠度	mean crowding
葡糖胺,氨基葡糖	葡萄糖胺	glucosamine
葡糖苷酸基转移酶	葡糖苷酸基轉移酶	glucuronyl transferase
葡糖醛酸糖苷酶	葡糖苷酸酶	glucuronidase
普通昆虫学	普通昆蟲學	general entomology
谱系学	系譜學	genealogy

Q

大　陆　名	台　灣　名	英　文　名
奇蝽次目	長頭椿象部	Enicocephalomorpha
齐鸣	齊鳴	chorusing
气导声	氣導聲	air-borne sound

大　陆　名	台　灣　名	英　文　名
气洞	氣洞	aeropyle
气盾呼吸	腹甲呼吸	plastron respiration
气管	氣管	trachea, tracheae（复）
气管龛	氣管龕	tracheal recess, tracheal camera
气管连索	氣管連鎖	tracheal commissure
气管鳃	氣管鰓	tracheal gill
气管上腺	氣門上腺	epitracheal gland
气管系统	氣管系統	tracheal system
气流感受器	氣流感應器	air-flow receptor
气缕	氣縷,羽狀	plume
气门	氣孔	spiracle, spiracula, spiraculae（复）, stigma
气门斑	氣門斑	macula
气门板	氣門板	peritreme, peritrematal plate
气门沟	氣門溝	①spiracular sulcus, spiracular groove, stigmatic cleft ②peritrematal canal, peritrematal groove（蜱螨）
气门孔	氣門孔	spiracular opening
气门括约肌	氣孔括約肌	spiracular sphincter
气门裂	氣門裂,心門	ostium
气门气管	氣孔氣管	spiracular trachea
气门鳃	氣孔鰓	spiracular gill
气门室	氣孔室	spiracular atrium
气门腺	氣孔腺	spiracle gland, spiracular gland
气囊	氣囊	air sac, air vesicle
气生幼螨	氣生幼蟎	aerial larva
气味感觉神经元	嗅覺神經原	odorant sensitive neuron
气味结合蛋白	氣味結合蛋白	odorant binding protein, OBP
气味腺,臭腺	香腺,臭腺,氣味腺	odoriferous gland, scent gland
牵引感受器	伸展感受器	stretch receptor
迁出	遷出	emigration
迁入	遷入	immigration
迁散信息素	遷散費洛蒙	dispersal pheromone
迁徙期	遷徙期	nomadic phase
迁移	遷徙	migration
钳齿毛	鉗齒毛	pilus dentilis, pilus denticularis
钳基毛	鉗基毛	pilus basalis
钳亚目	鉗尾亞目	Dicellurata

大　陆　名	台　灣　名	英　文　名
前板叶(= 前叶突)		
前瓣旁簇	前瓣旁簇	anterior parasquamal tuft
前半体	前半體	proterosoma
前背	前背體	aspidosoma
前背板	前背板	prodorsal shield, prodorsum, propodoso-matic plate
前背翅突	前背翅突	medalaria, anterior notal wing process
前背毛	前背毛	anterior dorsal seta
前背折缘	隆緣(**前背摺緣**)	hypomeron, hypomera（复）
前表皮内突	前［表皮］内突	anterior apodeme
前侧盾毛	前侧盾毛	anterolateral scutals
前侧缝	前侧縫	abjugal suture
前侧毛	前侧毛	anterolateral seta, antelaterals
前侧片	前侧片	episternum, episterna（复）
前侧鬃	前胸侧板剛毛	propleural bristle
前成螨	前成螨	preadult
前触腺毛	觸前腺毛	preantennal glandularia
前唇基	前唇基	anteclypeus
前盾沟	前楯溝	prescutal sulcus
前盾片	前楯片	prescutum, protergite
前跗节	前跗節	pretarsus
前跗节盖	前跗節蓋	pretarsal operculum
前跗毛	前跗毛	pretarsala
前腹沟	前腹溝	presternal sulcus
前腹片	前腹片	presternum
前感毛	前感器	prebacillum
前脊沟,胸节	前脊溝	antecostal sulcus
前进进化(= 累变发生)		
前胫毛	前胫毛	anterior tibiala
前胫突	大距	epiphysis
前颏	下唇前基節	prementum
前口	前口	prestomum
前口式	前口式	prognathous type
前连索	前背神經鎖	anterior dorsal commissure
前脑	前大腦	procerebrum, protocerebrum
前脑桥	前大腦橋	protocerebral bridge, pons cerebralis（拉）
前气门	前氣孔	prostigma

大　陆　名	台　灣　名	英　文　名
前气门目	前氣門亞目	Prostigmata
前驱	前軀	prosoma
前驱症状	前驅症狀	prodrome
前上侧片	翅基骨片	basalare, preparapteron, preparaptera（复）
前适应	先存適應性	preadaptation
前体	前體［部］	prosoma
前突,鼻突	前突	naso
前胃,砂囊	砂囊,賁門部,前胃	gizzard, proventriculus（拉）
前膝毛	前膝毛	anterior genuala
前信息素	前費洛蒙	propheromone
前胸	前胸	prothorax
前胸背板	前胸背板	pronotum, prodorsum
前胸侧板	前胸側板	propleuron, propleura（复）
前胸腹板	前胸腹板	prosternum
前胸腹突	前胸腹突	prosternal process
前胸腺	前胸腺	prothoracic gland
前悬骨	前懸骨	prephragma
前叶	前葉	prolamella
前叶突,前板叶	前葉突	anterior shield lobe
前阴片	前陰片	lamella antevaginalis
前幼螨	前幼螨	prelarva
前缘刺	翅刺	costal spine
前缘脉	前緣脈	costa
前殖板	前殖板	epigynium, epigynial plate
前殖片	前殖片	pregenital sclerite
前中毛	前中毛	anteromedian seta, anterior medial seta
前中突	前中突	anteromedian projection
前足	前足	foreleg
前足体	前足體［部］	propodosoma
前足体板	前足體板	propodosomatal plate, proponotal shield
前足体背毛	前足體背毛	dorsal propodosomal seta
前足体侧隆突	前足體側突	propodolateral apophysis
前足体腹突	前足體腹突	propodoventral enantiophysis
前足体腹中毛	前足體腹中毛	medioventral propodosomal seta
前足体突,檐形突	前足體突	propodosomal lobe
潜伏期	潜伏期	potential period, incubation period
潜伏型病毒	潜伏型病毒	occult virus

大　陆　名	台　灣　名	英　文　名
潜伏性感染	潛伏性感染	latent infection
潜伏学习	潛伏學習	latent learning, exploratory learning
腔锥感器	腔狀感覺器	coeloconic sensillum, sensillum coeloconicum(拉)
蔷薇丛枝病	薔薇叢枝病,薔薇簇葉病	rose rosette
20-羟基蜕皮酮(=蜕皮甾酮)	20-羥基蛻皮素	20-hydroxy-ecdysterone(=ecdysterone)
强行共栖	強迫共棲	synecthry
敲击反应	敲擊反應	drumming reaction
侨蚜	轉移寄主蚜	alienicola, alienicolae(复)
壳粒	殼粒	capsomere
壳体,衣壳	蛋白鞘	capsid
鞘翅	鞘翅	elytron, elytra(复)
鞘翅目	鞘翅目	Coleoptera
鞘翅缘突	鞘翅緣突	elytral flange
鞘喙亚目	鞘喙亞目	Coleorrhyncha
鞘肌	肌肉包鞘	muscularis(拉)
切齿	切齒	incisor
窃啮亚目	竊嚙亞目	Trogiomorpha
侵染期幼虫	感染期幼蟲	infective juvenile
侵袭	侵染	infestation
亲代照料	親代照料	parental care, brood care
亲缘选择	親緣選汰	kin selection
青腰虫素	青腰蟲素	pederin
青腰虫酮	隱翅蟲酮	pederone
清巢	清巢	nest clarifying
蜻蜓目	蜻蛉目	Odonata
蚑蠊目	蚑蠊目	Grylloblattodea
球杆部	棍棒部(**球桿部**)	club
球形细胞	球狀血細胞	spherulocyte, spherule cell, spherocyte
球形芽孢杆菌	球形芽孢桿菌	*Bacillus sphaericus*
球状体	球狀體	spheroid, spherule
球状体病(=昆虫痘病毒病)		spheroidosis(=entomopox virus disease)
求偶	求偶	courtship
求偶声	求偶聲	courtship song
求偶行为	求偶行爲	epigamic behavior

大　陆　名	台　灣　名	英　文　名
趋暗性	趨暗性	skototaxis
趋避性	趨避性	phobotaxis
趋触性	趨觸性	thigmotaxis, stereotaxis
趋地性	趨地性	geotaxis
趋风性	趨風性	amenotaxis
趋高性	趨高性	hypsotaxis
趋光性	趨光性	phototaxis
趋化性	趨化性	chemotaxis
趋激性	趨激性	telotaxis
趋流性(**逆流性**)	逆流性	rheotaxis
趋气性	趨氣性	aerotaxis
趋声性	趨聲性	phonotaxis
趋湿性,趋水性	趨水性	hydrotaxis
趋水性(=趋湿性)		
趋同进化	趨同進化	convergent evolution
趋同性	趨同	convergence
趋位性	趨位性	topotaxis
趋温性	趨溫性	thermotaxis
趋星性	趨星性	astrotaxis
趋性	趨性	taxis
趋异进化	趨異進化,分歧進化	divergent evolution
趋异性	趨異	divergence
趋荫性	趨蔭性	phototeletaxis
区分剂量	鑒別劑量	discriminating dose
躯体	軀體	idiosoma
驱避性	忌避性	repellency
蠼螋亚目	蠼螋亞目	Forficalina
去氨基甲酰化常数	去氨基甲醯化常數	decarbamylation constant
去磷酰化常数	去磷醯化常數	dephosphorylation constant
全北界(**全北区**)	全北區	Holarctic Realm
全背板	全背板	holonotal shield, holodorsal shield
全变态	完全變態	complete metamorphosis
全变态类	全變態類	Holometabola
全纯饲料(=化学规定 饲料)		holidic diet(=chemically defined diet)
全盾蜉亚目	短鞘蜉蝣亞目	Pannota
全缝型	全縫型	holoid
全腹板	全腹板	holoventral plate, holoventral shield

大　陆　名	台　灣　名	英　文　名
全腹型	全腹型	hologastric type
全模(**同模**)	同模,協模	syntype, cotype
全雄基因	全雄基因	holandric gene
全质分泌	全分泌	holocriny, holocrine secretion
全种群治理	全族群治理	total population management
全周期性种	完全生活環種	holocyclic species
全足板	全足板	holopodal plate
缺翅目	缺翅目	Zoraptera
缺环式趾钩	缺環列趾鉤	penellipse crochets
群	群	group
群集现象	群集現象	colonization
群寄生	群聚寄生	gregarious parasitism
群居共生	群居共生	social symbiosis
群居寄生	社會寄生(**群居寄生**)	social parasitism
群居种类(**群居种**)	群居物種(**群居種**)	communal species
群落交错区	群落交會帶	ecotone
群落稳定性	群落穩定性	stability of community
群落相似性	群落相似性	similarity of community
群落演替	群落演替	community succession

R

大　陆　名	台　灣　名	英　文　名
染色体疏松团	染色體疏鬆團	chromosome puff
Q 热	Q 熱	Q fever
热激蛋白(=热休克蛋白)		
热激关联蛋白	熱休克相關蛋白	heat shock cognate protein
热休克蛋白,热激蛋白	熱休克蛋白	heat shock protein, HSP
热滞蛋白	熱滯蛋白	thermal hysteresis protein
人工生态系统	人工生態系	artificial ecosystem, man-made ecosystem
人工饲料	人工飼料	artificial diet
人工驯化	人工馴化	domestication
人为宿主	人爲寄主	factitious host
日本金龟甲芽孢杆菌	日本金龜子芽孢桿菌	*Bacillus popilliae*
日本丽金龟性诱剂	日本麗金龜引誘劑	japanilure
日·度	日度	degree-day

大　陆　名	台　灣　名	英　文　名
日光霉素	日光黴素	nikkomycin
溶泡作用	溶泡作用	lyocytosis
绒毛	絨毛	villus, villi（复）
冗余种	冗餘種	redundancy species
柔毛	柔毛	soft hair
鞣化激素	鞣化激素	bursicon
肉食亚目	肉食亞目	Adephaga, Hydradephaga
肉食螨	肉食螨	cheyletid mite
蠕螨症(=蠕形螨病)		
蠕形螨	蠕形螨	demodicid mite
蠕形螨病, 蠕螨症	蠕形螨病	demodicidosis
乳状菌病	乳化病	milky disease
入侵种	入侵種	invasive species
软化病	軟化病	flacherie
锐带	銳帶	acute zone
闰脉, 间插脉	插脈	intercalary vein
若保幼激素	類青春激素	dendrolasin
若虫	若蟲	nymph
若蛹	若蛹	nymphochrysalis
弱毒感染	弱毒感染	attenuate infection

S

大　陆　名	台　灣　名	英　文　名
鳃角类	葉角類	Lamellicornia
三次寄生(**三级寄生**)	三級寄生	tertiary parasitism
三跗类	三節類(**三跗類**)	Trimera
三化性	三化性	trivoltine, trigoneutism
三级消费者	三級消耗者	tertiary consumer
三寄主蜱(=三宿主 蜱)		
三角步法	三角步法	triangle gait
三角冠	三角冠	tricuspid cap
三名法	三名法	trinomen, trinominal name, trionminal nomenclature
三宿主蜱, 三寄主蜱	三寄主蜱	three-host tick
三型现象	三態性, 三型性	trimorphism
三爪蚴	三爪型(**三爪蚴**)	triungulin

大　陆　名	台　灣　名	英　文　名
散发	散發	emission
散发器	散發器	dispenser
森林昆虫学	森林昆蟲學	forest entomology
森林生态系统	森林生態系	forest ecosystem
森氏细胞	潘氏細胞	Semper's cell
砂囊(＝前胃)		
杀虫剂前体	殺蟲劑前質	preinsecticide
杀虫抗生素	殺蟲抗生素	antiinsect antibiotic
杀螨素	殺蟎素	tetranactin
杀青虫素 A	殺青蟲素 A	piericidin
杀雄作用	殺雄作用	androcidal action
沙蚕毒类杀虫剂	類沙蠶毒殺蟲劑	nereistoxin insecticides
沙蝗抑咽侧体肽	沙蝗抑咽喉側腺肽	schistostatin
杉毒病	杉毒病	Wadtracht disease
闪光	閃光	flashing light
上表皮	上表皮	epicuticle, epicuticula(拉)
上侧背片	上側背片	superior pleurotergite
上侧片	載翅突起	epipleurite, alifera, aliferae(复)
上唇	上唇	labrum
上唇感器	上唇感器	labral sensillum
上唇神经	上唇神經	labral nerve
上颚	大顎(上顎)	mandible
上颚杆	大顎桿(上顎桿)	mandibular lever
上颚片	大顎片(上顎片)	mandibular plate, jugum, juga(复)
上颚神经节	大顎神經球	mandibular ganglion
上颚腺	大顎腺	mandibular gland
上后侧片	上後側片	anepimeron
上后头	上後頭	epicephalon
上基侧片	上基側片	anapleurite
上颊	上頰	temopora
上眶鬃	上眶剛毛	superior orbitals, vertical orbitals
上内唇	上唇上咽頭	labrum-epipharynx
上气门类	上氣門類	Pleurosticti
上前侧片	上前側片	anepisternum, supraepisternum
上前气门鬃	上前氣門剛毛	auxiliary prostigmal seta
上腋瓣	上腋瓣	upper squama, alar calypter
上肢节	上肢	epipodite
蛇蛉目	蛇蛉目	Raphidioptera, Raphidiodea

大　陆　名	台　灣　名	英　文　名
舌侧片	角片	lorum, lora(复)
舌悬骨	下咽頭懸骨	fulturae, suspensorium of the hypopharynx
射精泵(=精泵)	射精泵(=精子泵)	ejaculatory pump(=sperm pump)
射精管	射精管	ejaculatory duct, ductus ejaculatorius（拉）
射精管球	射精管球體	ejaculatory bulb, bulbus ejaculatorius（拉）
社会等级	社會等級	castes
社会寄生	社會寄生	social parasitism, social symbiosis
社会信息素	社會性費洛蒙	social pheromone
社会性昆虫	社會性昆蟲	social insect
社会性易化	社會性易化	social facilitation
深伪瞳孔	深偽瞳孔	deep pseudopupil
神经递质	神經傳遞物質	neurotransmitter
神经毒素	神經毒素	neurotoxin
神经毒性酯酶	神經毒性酯酶	neurotoxic esterase, NTE
神经分泌细胞	神經分泌細胞	neurosecretory cell
神经分泌作用	神經分泌作用	neurosecretion
神经节层	視神經層	periopticon
神经节连索	神經球索	ganglionic commissure
神经调质	神經調節物質	neuromodulator
神经纤维球	神經纖維球	glomerulus, glomeruli(复)
神经血器官	神經血器官	neurohaemal organ
神经整合作用	神經整合作用	nervous integration
肾上腺素能神经纤维	腎上腺素能神經纖維	adrenergic fiber
肾综合征出血热,流行性出血热	腎綜合徵出血熱,腎並發性出血熱	haemorrhagic fever with renal syndrome, RSHF
渗透性	滲透性能	permeability
声波引诱(声引诱)	聲誘(聲引誘)	sonic attraction
声反应	聲反應	phonoresponse
声通讯	聲通訊	acoustic communication
声响图	聲音圖	sonagram
声嗅感觉	聲嗅感覺	aeroscepsy
生产力	生產力	productivity
生产率	生產速率	production rate
生产者	生產者	producer
生防作用物	生防防治體	biocontrol agent
生活史	生活史	life history

大　陆　名	台　灣　名	英　文　名
生活周期(=生命周期)		
生境	棲所	habitat
生境岛(**孤立生境**)	孤立棲所(**孤立生境**)	habitat island
生境选择	棲所選擇	habitat selection
生理病理学(=病理生理学)		
生理选择性	生理選擇性	physiological selectivity
生毛点	生毛點	setigerous spots, piliferous spots
生命表	生命表	life table
生命周期,生活周期	生命環,生活週期	life cycle
生态表型	生態變型反應(**生態表型**)	ecophene
生态表型变异	生態表型變異	ecophenotypic variation
生态毒理学	生態毒理學	ecotoxicology
生态对策	生態策略	ecological strategy
生态发生	生態發生	ecogenesis
生态分布	生態分佈	ecological distribution
生态幅度	生態幅度	ecological amplitude
生态隔离	生態隔離	ecological isolation
生态工程	生態工程	ecological engineering
生态价	生態價	ecological value
生态能量学	生態能量學	ecological energetics
生态平衡	生態平衡	ecological equilibrium
生态圈	生態圈	ecosphere
生态适应	生態適應	ecological adaptation
生态梯度(**生态渐变型**)	生態差型(**生態漸變型**)	ecocline
生态危机	生態危機	ecological crisis
生态位	生態席位	ecological niche, niche
生态位重叠	生態席位重疊	niche overlap
生态位分化	生態席位分化	niche differentiation
生态系统	生態系	ecosystem
生态系统管理	生態系統管理	ecosystem management
生态效率	生態效率	ecological efficiency
生态信息素	生態費洛蒙	ecomone
生态型	生態型	ecotype
生态选择性	生態選擇性	ecological selectivity

大　陆　名	台　灣　名	英　文　名
生态亚种	生態亞種	ecological subspecies
生态演替	生態演替	ecological succession
生态优势	生態優勢	ecological dominance
生态阈值	生態限界	ecological threshold
生态治理	生態管理	ecological management
生态种	生態種	ecospecies
生态锥体	生態錐體	ecological pyramid
生态宗	生態品種（**生態宗**）	ecological race
生物胺系统	生物胺系統	biogenic amine system
生物测定	生物檢定	bioassay, biological assay
生物成分（＝生物因子）	生物成份（＝生物因素）	biotic component（＝biotic factor）
生物地球化学循环	生物地質化學迴圈	biogeochemical cycle
生物多样性	生物多樣性	biodiversity
生物发光	生物發光	bioluminescence
生物防治	生物防治	biological control
生物放大	生物擴大作用	biological magnification
生物分布学	生物分佈學	chorology
生物隔离	生物隔離	biological isolation
生物积累	生物累積	biological accumulation
生物降解性	生物降解性	biodegradability
生物控制论	生物控制論	biocybernetics
生物浓缩	生物濃縮	biological concentration
生物气候法则	生物氣候律	bioclimatic law
生物气候图	生物氣候圖	bioclimatic graph, bioclimatograph
生物潜力	生物潛能	biotic potential
生物圈	生物圈	biosphere
生物群落	生物群集	biotic community, biocoenosis, biocenose
生物群区	生物群系	biome
生物杀虫剂	生物殺蟲劑	biotic insecticide
生物衰退	生物衰退	biological retrogression
生物统计学	生物統計學	biometrics, biometry
生物烷化剂	生物性烷化劑	biological alkylating agent
生物系统	生物系統	biosystem
生物相	生物相	biota
生物型	生物型	biological form, biotype
生物蓄积系数	生物累積係數	bioaccumulative coefficient

大　陆　名	台　灣　名	英　文　名
生物因子	生物因素	biotic factor
生物障碍	生物屏障	biological barrier
生物钟	生物鐘	biological clock
生物种	生物種	biological species
生育力	生育力	fertility
生长区	卵黃區	vitellarium
生长阻滞肽	生長阻滯肽	growth-blocking peptide
生殖板	生殖板	①gonoplac ②epigynial plate（蜱螨）
生殖棒	生殖棒	gonoclavi, axis, axes（复）
生殖窗（**透明纹**）	透明紋	fenestra, fenestrae（复）
生殖刺突	性尾突,攫握器基	gonostylus, gonostyli（复）, harpago, harpagones（复）
生殖道	生殖道	genital meatus
生殖盖	生殖蓋板	genital shield, genital operculum
生殖隔离	生殖隔離	reproductive isolation
生殖沟	生殖溝	genital groove
生殖后节	生殖後節	postgenital segment
生殖基节	生殖基節	gonobase
生殖基片	生殖片基節	gonocoxite
生殖脊	生殖脊	gonocrista, gonocristae（复）
生殖节	生殖節	genital segment, gonosomite
生殖孔	生殖孔	gonopore
生殖孔突	生殖孔突	gonoporal process
生殖口	生殖口	gonotreme
生殖棱（＝瓣间片）		
生殖毛	生殖毛	gonosetae
生殖囊	生殖囊,肛上板	genital capsule, pygophore, gonosaccus
生殖片	生殖片	genital sclerite
生殖器盖片	生殖器蓋片	genital coverflap
生殖前板	生殖前板	pregenital plate
生殖前节	生殖前節	visceral segment, pregenital segment
生殖腔	陰道	genital chamber, vagina
生殖区	生殖區	genital area, genital field
生殖乳突	生殖乳突	genital papilla
生殖突	生殖片	gonapophyses
生殖帷	生殖帷	apron, genital apron
生殖细胞	生殖細胞	germ cell
生殖腺	生殖腺	gonad

大　陆　名	台　灣　名	英　文　名
生殖翼	生殖翼	genital wing
生殖褶	生殖褶,生殖摺縫	genital fold
生殖肢	生殖肢	gonopod
生殖滞育	生殖滯育	reproductive diapause
生殖滋养调合	生殖滋養調和	gonotrophic concordance
生殖滋养分离	生殖滋養分離	gonotrophic dissociation
施氏层	施氏層	Schmidt layer
湿地生态系统	濕地生態系	wetland ecosystem
湿动态	流體動態	hydrokinesis
湿感受器	濕度感應器	hygroreceptor
尸食性螨类	屍食性蟎類	necrophagous mites
虱目	蝨目	Anoplura, Siphunculata
石蛃目(=石蛃亚目)		
石蛃亚目,石蛃目	石蛃亞目	Archaeognatha, Microcoryphia
时间分辨	時間分辨	temporal resolution
时滞	落遲	time lag
食草类	食草性動物	herbivore
食虫类	食蟲類	insectivore, entomophage
食虫植物(**食肉植物**)	食肉植物,食蟲植物	insectivorous plant, carnivorous plant
食道	食道	oesophagus, gullet
食道瓣		oesophageal valve
食道盲囊(=嗉囊)		
食道上器官	食道上器官	supraesophageal organ
食道上神经节(=脑)	食道上神經球(=腦)	supraoesophageal ganglion(=cerebrum)
食道神经连索	食道神經鏈,胃下神經索	oesophageal commissure
食道下神经节	食道下神經球	suboesophageal ganglion
食窦,食室	食腔,食室(**食竇**)	cibarium, cibarial chamber
食粪性	食糞性	coprophagy
食谷类	食穀類	grainvore
食果类	食果類	carpophage
食菌甲诱醇	食菌甲誘醇	sulcatol
食菌类	食菌類	mould feeder
食客	營養性共生生物	trophobiont
食卵性	食卵性	oophagy
食毛目	食毛目	Mallophaga
食蜜类	食蜜類	nectarivore
食谱	食譜	trophic spectrum

大　陆　名	台　灣　名	英　文　名
食谱宽度	食譜寬度	diet width
食肉类	食肉類	carnivore，sarcophage
食室(=食窦)		
食物道	食管	food meatus，food channel
食物竞争	食物競爭	food competition
食物链	食物鏈	food chain
食物网	食物網	food web
食物消化效率	食物消化效率	efficiency of food digestion
食物异级	營養異級	trophogeny
食物转化效率	食物轉化效率	efficiency of food conversion
食物锥体	食物金字塔	food pyramid
食性	食性	food habit
食性可塑性	營養可塑性	trophic plasticity
食血类	食血類	sanquinivore，hematophage
食叶昆虫	食葉蟲	defoliating insect
食蚁类	食蟻類	myrmecophage
食植类昆虫	植食性昆蟲	phytophagous insect
实验分类学	實驗分類學	experimental taxonomy
示爱	示愛行爲	courtship display
世代重叠	世代重疊	generation overlap
世代交替	世代交替	alternation of generations
世代时间	世代時間	generation time
嗜蜜者	嗜蜜者	melittephile
嗜食性	食物偏好	food preference
嗜树梢性	嗜樹梢性	acrodendrophily
适应	適應	adaptation
视差	視差	parallax
视动反应	視動反應	optomotor reaction
视动系统	視動系統	visuomotor system，optomotor system
视黄醛	視黃醛	retinene
视觉盘	視覺盤	optic disc
视觉通讯	視覺通訊	visual communication
视觉筒	視覺筒	optic cartridge
视觉诱发反应	視覺誘發反應	visual induced response
视觉制导	視覺導航	visual guidance
视觉中枢	視神經中樞	optic center
视敏度	視敏度	visual acuity
视内髓	視內髓	opticon，internal medullary mass，medulla

大　陆　名	台　湾　名	英　文　名
		interna(拉)
视神经节(=视叶)		optic ganglion(=optic lobe)
视神经原节	眼神經球	ocular neuromere
[视]突触频率	突觸頻率	synaptic frequency
视外髓	視外髓	epiopticon, medulla externa(拉)
视网膜	視網膜	retina
视网膜电位图	視網膜電圖	electroretinogram
视小网膜	網膜體,小網膜	retinula, retinophora
视叶	視葉	optic lobe, optic tract
视紫红质	視紫紅質,視紫素	rhodopsin
舐吸式口器	舐吮式口器	licking mouthparts, sponging mouthparts, lapping mouthparts
螫毛	刺毛,毒腺毛	urticating hair
螫针	螫刺	sting
螫针腺	螫針腺	sting gland
收肌	內轉肌	adductor, adductor muscle, musculus adductor(拉)
守护共生	守護共棲	phylacobiosis
受害生态系统	受害生態系	damaged ecosystem
受精后联合	受精後聯合	postinsemination association
受精囊	受精囊	spermatheca, receptaculum seminis(拉)
受精囊管	受精囊管	spermathecal tube
受精囊腺	受精囊腺	spermathecal gland
兽医昆虫学	獸醫昆蟲學	veterinary entomology
梳毛(=栉毛)		
输精管	輸精管	seminal duct, vas deferens(拉), vasa deferentia(复)
输卵管	輸卵管	oviduct, oviductus(拉)
输卵管萼	卵萼	egg calyx
熟精内肽酶	熟精內肽酶	initiatorin
熟精内肽酶抑制素	熟精內肽酶抑制素	initiatorin inhibitor
鼠蠊亚目	鼠蠊亞目	Hemimerina
属	屬	genus, genera（复）
属模	屬模	genotype
属群模(**属同模**)	屬同模	genosyntype
树顶病	樹頂病	tree-top disease, wipfel disease
数量性状	數量特徵	quantitative character
数值反应	數值反應	numerical response

大　陆　名	台　湾　名	英　文　名
数值分类学	數值分類學	numerical taxonomy
栓毛(**钉状毛**)	釘狀毛	peg-like seta
栓锥感器	柄狀感覺器	styloconic sensillum, sensillum styloconi-cum(拉)
双翅目	雙翅目	Diptera
双重抽样法	雙重取樣法	double sampling
双重感染	雙重感染	double infection
双分子速率常数	雙分子速率常數	bimolecular rate constant
双孔式	雙孔式	ditrysian type
双孔亚目	雙孔亞目	Ditrysia
双毛	伴生毛	duplex setae
双名法	雙名法	binominal nomenclature
双舌类	雙舌類	Duplaglossa
双尾目	雙尾目	Diplura
双序趾钩	雙序趾鉤	biordinal crochets
水龙骨素 B	水龍骨素 B	polypodine B
水螨	水螨	water mite
水平传递	水平傳播	horizontal transmission
水平分布	水平分佈	horizontal distribution
水压感受器	水壓感受器	hydrostatic pressure receptor
瞬彩	瞬彩	flash coloring
顺序进化	順序進化	sequential evolution
丝氨酸蛋白酶抑制蛋白	絲氨酸蛋白酶抑制蛋白	serpin, serine protease inhibitor
丝胶蛋白	絲膠蛋白	sericin
丝角亚目	顯角亞目	Ischnocera
丝心蛋白	絲心蛋白,生絲素	fibroin
丝心蛋白酶	絲心蛋白酶	fibroinase
丝压背棍	縫合線	raphe
死亡率	死亡率	mortality
四跗类	四節類(**四跗類**)	Tetramera
苏铁蜕皮酮	蘇鐵蛻皮酮	cycasterone
苏云金杆菌	蘇力菌	*Bacillus thuringiensis*
苏云金素(=β 外毒素)	蘇力菌素(=β 外毒素)	thuringiensin(= β-exotoxin)
俗名	俗名	common name, vernacular name
速度视差	速度視差	velocity parallax
速激肽	速激肽	tachykinin
宿主,寄主	寄主	host

大　陆　名	台　灣　名	英　文　名
宿主专一性	寄主專一性	host specificity
嗉囊,食道盲囊	嗉囊	crop, oesophageal diverticulum
嗉囊神经节	嗉囊神經球,胃神經球	ingluvial ganglion, gastric ganglion, stomachic ganglion
随机抽样法	隨機取樣法	random sampling
随机分布	隨機分佈	random distribution
髓核	核軸	core, nucleoid
羧酸酯酶	羧酸酯酶	carboxylesterase
羧酸酯水解酶	羧酸酯水解酶	carboxylic ester hydrolase
缩短病	短縮病	brachyosis
琐飞	斷續飛行	appetitive flight, trivial flight
索	索脈	chorda
索节	絲狀節	funicle
锁突	鎖突	locking flange

T

大　陆　名	台　灣　名	英　文　名
他感物质(=异种化感物)		
他感作用(=异种化感)		
泰勒虫病	泰勒蟲病	theileriasis
肽能信号	肽能信號	peptidergic signal
坛形感器	罈狀感覺器	ampullaceous sensillum, sensillum ampullaceum(拉)
弹器	彈器	furcula, saltatorial appendage
弹器基	彈器基	manubrium, furcular base
弹尾目	彈尾目	Collembola
弹性稳定性	彈性穩定性	resilience stability
碳流	碳流	carbon flow
羰基酰胺水解酶	羰基醯胺水解酶	carboxylamide hydrolase
螳螂目	螳螂目	Mantodea
桃花叶病	桃嵌紋病	peach mosaic
逃避对策(**逃避策略**)	逃避策略	avoidance strategy
特氏器	特氏器	Trägårdh's organ
特异嗅觉细胞	特異嗅覺細胞	odor specialist cell
特有种,地方种	特有種	endemic species

大　陆　名	台　灣　名	英　文　名
特征(＝性状)		
特征替代	性狀置換	character displacement
体壁	體壁	integument
体壁神经系统	體壁神經系	integumental nervous system
体壁弦音器(＝具概神经胞)	接皮導音管(＝導音管)	integumental scolophore(＝scolophore)
体刺	體刺	armature
体段	體段	tagma, tagmata(复)
体段划分	體節分段法	tagmosis
体节	體節	segment, somite, metamera
体孔	體孔	body pore
体内卵发育	體內卵發育	endotoky
体外卵发育	體外卵發育	exotoky
体质特征	體質特徵	constitutive character
替代控制	置換控制	replacement control
替代名	替代名	replacement name
替代宿主	代用寄主	alternate host
替代现象	分隔現象	vicarism
天蚕抗菌肽	攻擊素	attacin
天蚕素	柞蠶素	cecropin
天然宿主	天然寄主	natural host
条纹	條,溝紋	stria, striae(复)
跳跃足	跳躍足	saltatorial leg
听脊	聽脊	crista acoustica(拉)
听觉	聽覺	hearing
听觉信号	聽覺信號	acoustic signal
听膜簇	聽膜簇	tympanic tuft
听膜小窝	聽膜小窝	tympanic pit
听器,鼓膜器	鼓膜器,聽器	tympanic organ, tympanal organ
同步肌	同步肌	synchronous muscle
同翅目	同翅目	Homoptera
同动态昆虫	同動態昆蟲	homodynamic insect
同工酶	同功異構酶	isozyme
同类相残	同類相殘	cannibalism
同模属	同模屬	isotypic genus
同栖共生	同棲共生	calobiosis
同色现象	同色現象	homochromatism
同属种	同屬種	congeneric species

大　陆　名	台　灣　名	英　文　名
同窝相残	同窩相殘	brood cannibalism
同物异名	同物異名	synonym，syn.
同向转运	同向傳送	symport
同型雄螨	同型雄蟎	homomorphic male
同须亚目	同鬚亞目	Aequipalpia
同域物种形成	同域種化	sympatric speciation
同域杂交	同域雜交	sympatric hybridization
同源共同衍征	同源性同裔徵	homologous synapomorphy
同源异形基因	同源轉化基因	homeotic gene
偷袭	偷襲	sneak attack
头	頭部	head
头顶	頭頂	vertex
头盖缝(=蜕裂线)		epicranial suture(=ecdysial line)
头盖[突]	頭蓋	tectum
头喙亚目	頭喙亞目	Auchenorrhyncha
头前叶	頭前葉	procephalic lobe
头壳	頭殼	head capsule
头窝,颚基窝	頭窩	camerostoma
头胸部	頭胸部	cephalothorax
透明质酸酶	透明質酸酶	hyaluronidase
突变性	致變性	mutagenicity
突变脂族酯酶	突變型脂族酯酶	mutant aliesterase
突触传递	突觸間傳遞	synaptic transmission
突触后电位	突觸後電位	postsynaptic potential
突触后膜	後觸突膜	postsynaptic membrane
突触后抑制	突觸後抑制	postsynaptic inhibition
突触间隙	觸突間隙	synaptic cleft，synaptic gap
突触可塑性	突觸可塑性	synaptic plasticity
突触前膜	前觸突膜	presynaptic membrane
突触前抑制	突觸前抑制	presynaptic inhibition
突触小泡	觸突小泡	synaptic vesicle
突触小体	觸突小體	synaptosome
突发病征	發作病症	paroxysm
图模	圖模	autotype
图形检测细胞	圖形檢測細胞	figure direction cell
土拉菌病,兔热病	土拉菌病	tularaemia
土壤昆虫学	土壤昆蟲學	soil entomology
土壤螨类	土壤蟎類	soil mites

大　陆　名	台　灣　名	英　文　名
土壤因子	土壤因數	edaphic factor
吐丝器	吐絲器	spinneret, fusus, fusi(复)
兔热病(＝土拉菌病)		
腿节(＝股节)		
蜕(虫蜕)	皮蛻	exuvium, exuviae(复)
蜕裂线	頭縫	ecdysial line
蜕皮	蛻皮	moult, ecdysis
蜕皮素		ecdysone
α蜕皮素(＝蜕皮素)	α蛻皮素	α-ecdysone(＝ecdysone)
β蜕皮素(＝蜕皮甾酮)	β蛻皮素	β-ecdysone(＝ecdysterone)
蜕皮腺	蛻皮腺	exuvial gland, moulting gland
蜕皮液	蛻皮液	ecdysial fluid, moulting fluid
蜕皮引发激素	蛻皮誘發激素	ecdysis triggering hormone, ETH
蜕皮甾类	類蛻皮素	ecdysteroids
蜕皮甾酮		ecdysterone
蜕皮周期	蛻皮週期	moulting cycle
蜕壳激素,羽化激素	羽化激素	eclosion hormone, EH
蜕壳节律	羽化節律	eclosion rhythm
蜕壳时钟,羽化时钟	羽化時鐘	eclosion clock
退化	退化	degeneration
吞噬细胞	吞噬細胞	phagocyte, phagocytic hemocyte
吞噬作用	吞噬作用	phagocytosis
臀板	臀板	pygidium, pygidia(复), suranal plate
臀棘	尾刺	cremaster
臀角	臀角	anal angle
臀裂	臀裂	anal cleft
臀脉	臀脈	anal vein
臀毛	臀毛	clunal seta
臀前区	翅前部	remigium, preanal area
臀前突	臀前突	antepygidial process
臀前鬃	臀前剛毛	antepygidial bristle, antepygidial seta
臀区	臀區	vannal region, vannus, anal field
臀腺素	臀腺素	marginalin
臀叶	臀葉	anal lobe
臀褶	摺脈	vannal fold, anal fold, plica vannalis
臀胝	臀胝	callus cerci
臀栉	臀櫛	anal comb

大　陆　名	台　灣　名	英　文　名
臀足	臀肢	caudal leg, caudal proleg
脱脂载脂蛋白	脱脂载脂蛋白	apolipoprotein
唾液泵	唾液泵	salivary pump, infunda
唾液窦	唾液腔	salivarium
唾液管	唾液管	salivary canal, salivary duct
唾液腺	唾液腺	salivary gland, sialisterium
唾针(=涎针)		

W

大　陆　名	台　灣　名	英　文　名
瓦斯曼拟态	惠斯曼擬態	Wasmannian mimicry
外表皮	外表皮	exocuticle, exocuticula(拉)
外翅类	外生翅類	Exopterygota
α 外毒素	α 外毒素	α-exotoxin
β 外毒素	β 外毒素, β 蘇力菌素	β-exotoxin
外颚基叶	外顎基節	basigalea
外颚叶	外顎葉	galea
外分泌腺	外分泌腺	exocrine gland
外革片	外革片	exocorium
外共生	外共生	ectosymbiosis
外骨骼	外骨骼	exoskeleton
外呼吸	外呼吸	exterior respiration
外激素	外激素	ectohormone
外寄生	外寄生	ectoparasitism
外寄生螨类	外寄生蟎類	ectoparasitic mites
外寄生物	外寄生者	ectoparasite
外交叉	外叉形神經	external chiasma
外晶锥眼	外晶錐眼	exocone eye
外精包(=精包膜)		
外孔式	外孔式	exotrysian type
外来种	外來種	exotic species
外卵壳	外卵殼	exochorion
外膜(=囊膜)		outer membrane(=envelope)
外颞毛	外顳毛	extratemporal seta
外群	外群	outgroup
外生殖器	外生殖器	genitalia
外咽缝	外咽縫	gular suture

大　陆　名	台　灣　名	英　文　名
外咽片	外咽片	gula, gular plate
外咽区	外咽區	gutter area
外咽褶	外咽褶	gutter fold
外叶	肢外葉	exite
外源化合物(＝异生物质)		
外源节律	外源節律	exogenous rhythm
外肢节	外肢	exopodite
弯胚带	彎胚帶	ankyloblastic germ band
完形(＝格式塔)		
完须亚目	完鬚亞目	Integripalpia
王浆	蜂王漿	royal jelly
王浆腺(＝咽下腺)		
王室	王室	royal chamber
网翅目	網翅目	Dictyoptera
网膜投射图	網膜投射圖	retinotopic map
威瑟器	威氏器	With's organ
微孢子虫	微孢子蟲	microsporidium
微孢子虫病	微孢子蟲病	microsporidiosis
微刺	微毛	microtrichia
微胫毛	微脛毛	microtibiala, microtibial seta
微距	微距	microspur
微粒体单氧酶系	微粒體單氧酶系	microsomal mono-oxygenase system
微粒体多功能氧化酶系	微粒體多功能氧化酶系	microsomal mixed function oxidases
微粒子病	微粒子病	nosemosis
微量喂饲	微量飼喂	microfeeding
微瘤	微瘤	microtubercle
微卵黄原蛋白	微卵黃原蛋白	microvitellogenin
微毛	微毛	microchaeta
微气管	微氣管	tracheole
微绒毛	絨毛	microvilli
微生物防治	微生物防治	microbial control
微生物杀虫剂	微生物殺蟲劑	microbial insecticide, microbial pesticide
微膝毛	微膝毛	microgenual seta, microgenuala
微小气候(**微气候**)	微氣候	microclimate
微循环产孢	微循環産孢	microcycle conidiation
微宇宙	微環境(**微宇宙**)	microcosm
微植食性螨类	微植食性蟎類	microphytophagous mites

大　陆　名	台　灣　名	英　文　名
围被细胞	包裹細胞	enveloping cell
围雌器(=围阴器)		
围颚沟	圍頸縫,圍頭縫	circumcapitular furrow
围腹缝(**围背甲缝**)	圍背甲縫	circumgastric suture
围食膜	圍食膜	peritrophic membrane
围腺片(**围腺骨片**)	圍腺骨片	glandular sclerite
围心窦	圍心寶	pericardial sinus, pericardial chamber
围心膈(=背膈)		pericardial diaphragm(=dorsal diaphragm), pericardial septum
围心腔(=围心窦)		cardiocoelom(=pericardial sinus)
围心细胞	圍心細胞	pericardial cell
围咽神经连索(=食道神经连索)		circumoesophageal commissure(=oesophageal commissure)
围阳茎器	圍陰莖器	periphallus, periphallic organ
围阴器,围雌器	圍雌器	perigynium
围蛹	蛹殼,圍蛹	puparium, puparia(复), coarctate pupa
围殖毛	圍殖毛	perigenital seta
围足节缝	圍足節縫	peripodomeric fissure
萎缩病	萎凋病	wilt disease
萎缩症	萎縮症	atrophy
伪产卵器	偽産卵器	false ovipositor
伪工白蚁	預白蟻	pseudergate
伪横腹型	假橫腹型	pseudodiagastric type
伪尖突	偽尖突	pseudosaccus, pseudosacci(复)
伪脉	偽脈	false vein
伪瞳孔	偽瞳孔	pseudopupil
伪阳茎	偽陰莖,中板	pseudophallus, pseudopenis
伪中脉	偽中脈	pseudomedia
伪肘脉	偽肘脈	pseudocubitus
伪装	偽裝	camouflage
尾板	尾板	caudal plate
尾叉	尾叉	anal fork
尾铗	鋏,鉗狀器(**尾鋏**)	forceps
尾交感神经系统	尾交感神經系	caudal sympathetic nervous system
尾节	尾節	telson, periproct
尾毛	尾毛	telosomal seta, caudal seta
尾器	端合節	terminalia
尾鳃	尾鰓	caudal gill, cercobranchiate

大　陆　名	台　灣　名	英　文　名
尾体	尾體,節後板	telosome
尾突	①肛側突 ②尾突	①socius, urogomphus, urogomphi（复） ②caudal appendage, caudal process, caudal protrusion（蜱螨）
尾臀	尾臀	cauda
尾臀膜	尾臀膜	caudal membrane
尾须	尾毛	cercus, cerci（复）
尾针	尾針	anal stylet
尾肢	尾肢	pygopods
尾足螨亚目	尾足螨亞目	Uropodina
未定种	未定種	species indeterminate（拉）, sp. indet.
未发表新种	未發表種	species nova inedita（拉）, sp. nov. in.
胃神经(＝回神经)	胃神經(＝逆走神經)	stomogastric nerve(＝recurrent nerve)
胃神经系统(＝交感神 经系统)	胃神經系統(＝交感神 經系統)	stomatogastric nervous system(＝sympa- thetic nervous system)
魏氏腺(＝环腺)		Weismann's ring(＝ring gland)
位置检测	位置偵測	position detection
位置效应	位置效應	position effect
蝀硝基烯	硝基烯	nitroalkene
文化昆虫学	文化昆蟲學	cultural entomology
纹饰	紋飾	ornamentation
纹状缘	線狀緣	striated border
稳定性	穩定性	stability
稳态	恒定性	homeostasis
握弹器	攫握器	tenaculum, clasp, catch
无瓣类	無瓣類	Acalyptratae
无变态类	無變態類	Ametabola
无翅雌蚁	無翅雌蟻	ergatogyne
无翅目	無翅類	Aptera
无翅形体	無翅[形]體	aptera
无翅亚纲	無翅亞綱	Apterygota
无颚蛹	無顎蛹	adecticous pupa
无缝组	無縫組	Aschiza
无腹柄类	無腹柄類	Sessiliventres
无花果花叶病	無花果嵌紋病	fig mosaic
无记述名,裸名	無效名	nomen nudum（拉）, nomina nuda（复）, nom. nud.
无角类	無角類	Acerata

大 陆 名	台 湾 名	英 文 名
无晶锥眼	無晶錐眼	acone eye
无气门目	無氣門亞目	Astigmata
无壳型	無殼型	apheredermes
无头幼虫(**无头型幼虫**)	無頭型幼蟲	acephalous larva
无效名	無效名	invalid name
无性生殖种	無性生殖種	agamospecies
无益共生	無益共生	hamabiosis
无异生培养(**纯净培养**)	無菌培養(**纯净培養**)	axenic cultivation
无滋卵巢	無滋養型卵巢	panoistic ovary
无滋卵巢管	無滋養型微卵管	panoistic ovariole
五跗类	五節類(**五跗類**)	Pentamera
舞毒蛾性诱剂	舞毒蛾性誘劑	disparlure
物候学	物候學	phenology
物质循环	物質迴圈	cycle of materials
物种形成	種化,種化作用	speciation

X

大 陆 名	台 湾 名	英 文 名
西部松小蠹诱剂	西部松小蠹誘劑	exo-brevicomin
西格马病毒	西格馬病毒	sigma virus
吸液汁类(**吸汁液类**)	吸汁液類	sap feeder, juice sucker
稀有种	稀有種	rare species
膝鞭毛	膝鞭毛	mastigenuala, mastigenual seta
膝毛	膝毛	genuala
袭击行为	襲擊行爲	raiding behavior
习惯化	習慣化	habituation
喜花昆虫	嗜花昆蟲	anthophilous insect
喜蝎性	喜蝎性	chrymosymphily
系缰钩	抱帶	retinaculum
系统抽样法	系統取樣法	systematic sampling
系统发生	系統發生	phylogeny
系统发生图	系統發生圖	phylogram
系统发生学	系統發生學	phylogenetics
系统学	系統分類學	systematics
隙状器	隙狀器	lyriform organ, lyrifissure, lyriform fissure

大　陆　名	台　灣　名	英　文　名
细胞纯系	細胞株系（**細胞純系**）	cell clone
细胞分类学	細胞分類學	cytotaxonomy
细胞色素 b5	細胞色素 b5	cytochrome b5
细胞色素 P450	細胞色素 P450	cytochrome P450
细胞色素 b5 还原酶	細胞色素 b5 還原酶	cytochrome b5 reductase
细胞色素 P450 还原酶	細胞色素 P450 還原酶	cytochrome P450 reductase
细胞色素 P450 基因	細胞色素 P450 基因	cytochrome P450 gene
细胞系	細胞株（**細胞系**）	cell line
细胞遗传毒性	細胞遺傳性毒	cytogenetic toxicity
细胞株	細胞品系（**細胞株**）	cell strain
细蜻次目	細腳椿象部	Leptopodomorpha
细菌病	細菌病	bacteriosis
细须螨	僞葉蟎	tenuipalpid mite, false spider mite
细腰亚目	細腰亞目	Apocrita, Clistogastra
狭幅种,狭适种	狹適種	steroecious species
狭适种（＝狭幅种）		
下侧背片	下側背片	inferior pleurotergite
下侧鬃	下側板剛毛	hypopleural bristle
下沉胚带	隱胚帶	immersed germ band
下唇	下唇	labium
下唇神经节	下唇神經球	labial ganglion
下唇腺	下唇腺	labial gland
下唇须	下唇鬚	labial palp, labipalp
下颚	小顎（**下顎**）	maxilla, maxillae（复）
下颚杆	小顎桿（**下顎桿**）	maxillary lever
下颚沟	下顎溝	hypognathal groove
下颚片	小顎片（**下顎片**）	maxillary plate, lorum, lora（复）
下颚神经节	小顎神經球	maxillary ganglion
下颚体	亞顎體	subcapitulum
下颚下唇复合体	小顎下唇複合體（**下顎下唇複合體**）	labio-maxillary complex
下颚腺	小顎腺	maxillary gland
下颚须	小顎鬚（**下顎鬚**）	maxillary palp, palpus, palpi（复）
下后侧片	下後側片	hypopleuron, katepimeron, infraepimeron
下后头	下後頭	metacephalon
下颊	下頰	temple
下口式	下口式	hypognathous type, orthognathous type
下眶鬃	下眶剛毛	inferior orbitals, genal orbitals

大　陆　名	台　灣　名	英　文　名
下前侧片	下前側片	katepisternum, infraepisternum
下生殖板	陰部鱗板	hypandrium, vulvar scale
下咽	下咽	hypopharynx
下颜鬃	交叉剛毛	cruciate bristle
下腋瓣	下腋瓣	lower squama, thoracic calypter
下阴片	下陰片	hypogynium, hypogynia(复)
夏眠,夏蛰	夏眠	aestivation
夏蛰(=夏眠)		
先成现象	先成現象	prothetely
先天行为	先天行爲	innate behavior
先蛹	擬蛹	pseudopupa, semipupa
仙人掌甾醇	仙人掌固醇	schottenol
纤毛	纖毛,軟毛	cilia
纤维肌	纖維肌	fibrillar muscle
酰胺酶	胱胺酯解	amidase
涎针,唾针	唾針	salivary stylet
弦音感器	弦音感覺器	chordotonal sensillum
显腹类	顯腹類	Gymnogastra
显角类	顯角椿亞目	Gymnocerata
现患率,流行率	流行率	prevalence rate
现实生态位	現實生態席位	realized niche
腺苷酰氧化萤光素	腺苷醯氧化螢光素	adenyloxyluciferin
腺苷酰萤光素	腺苷醯螢光素	adenylluciferin
腺毛	腺毛	glandular hair
腺养胎生	腺養胎生	adenotrophic viviparity
腺鬃	腺剛毛	glandular bristle
限制因子	限制因數	limiting factor
线虫病	線蟲病	nematodiasis
相对毒性比	相對毒性比	relative toxicity ratio
相似联合作用	相似聯合作用	similar joint action
镶嵌式防治	鑲嵌式防治	mosaic control
香豆素	香豆素	coumarin
香鳞	香鱗	androconia
像模	像模	icotype
象虫组	步行象鼻蟲組	Rhynchophora
象虱亚目	象蝨亞目	Rhynchophlirina
硝基还原酶	硝基還原酶	nitro-reductase
消费者	消耗者	consumer

大　陆　名	台　灣　名	英　文　名
消黄细胞	食卵黄細胞	vitellophage
小 RNA 病毒	小 RNA 病毒	picornavirus
小背片	小背片	dorsalia, dorsal platelet
小翅脉	小翅脈	veinlet
小盾侧鬃	小楯側剛毛	lateral scutellar bristle
小盾沟	小楯溝	scutellar sulcus
小盾基鬃	小楯基剛毛	basal scutellar bristle
小盾片	小楯片	scutellum, scutelli（复）
小盾心鬃	小楯背剛毛	discal scutellar bristle, dorsoscutellar bristle
小盾亚端鬃	小楯亞端剛毛	subapical scutellar bristle
小盾缘鬃	小楯緣剛毛	marginal scutellar bristle
小蛾类	小蛾類	Microlepidoptera
小分类学	小分類學	microtaxonomy
小腹片	小腹片	sternellum
小刚毛	小剛毛	setula
小核浆细胞	小核細胞	micronucleocyte
小颊	小頰	buccula, bucculae（复）
小浆细胞	小漿細胞	microplasmatocyte
小麦条纹花叶病	小麥條嵌紋病	wheat streak mosaic
小气候(＝微小气候)		
小生境	微棲地,微棲所	microhabitat
小型消费者	小型消耗者	micro-consumer
小眼	小眼	ommatidium, ommatidia（复）
小眼间角	小眼間角	interommatidial angle
小眼面	小眼面	facet
小叶板	小葉板	lobula plate
小原血细胞	小血細胞	microcyte
小爪	小端爪	unguiculus, unguiculi（复）
楔片	楔狀部	cuneus, cunei（复）
楔片缝	楔片縫	cuneal suture, costal fracture
蝎蝽次目	隱角椿象部	Nepomorpha
协调趋性	協調趨性	coordinated taxis
协同活动	聯合作用	coaction
协同进化	協同進化,共進化	coevolution
协同适应	協同適應	co-adaptation
携播	攜播,附攜	phoresy
携播螨类	攜播蟎類	phoretic mites

大　陆　名	台　灣　名	英　文　名
携粉足	攜粉足	corbiculate leg
携配	攜配	phoretic copulation
斜脉	斜脈	oblique vein
屑食类	屑食類	detritivore
新北界(新北区)	新北區	Nearctic Realm
新长翅亚目	新長翅亞目	Neomecoptera
新翅类	新翅類	Neoptera
新毛,增生毛	增生毛	neotrichy
新名	新名	nomen novum(拉), nomina nova(复), nom. nov.
新模	新模	neotype
新配模	新配模	neoallotype
新热带界(新热带区)	新熱帶區	Neotropical Realm
新属	新屬	new genus, n. gen., genus novum(拉), gen. nov.
新体现象	新體現象	neosomy
新月片	新月小區, 新月楯	lunula, lunulae (复), lunule, lunulet
新种	新種	new species, n. sp., species nova(拉), sp. nov.
心侧体	心臟内泌體	corpus cardiacum, corpus paracardiacum (拉)
心侧体神经	心臟内泌體神經	nervus corpusis cardiacus(拉)
心肌壁	心肌層	myocardium
心门	心管縫	ostium, ostia(复)
心翼肌	翼狀肌	alary muscle, musculus alaris(拉)
信号刺激	信號刺激	token stimulus
信号分子	信號分子	signaling molecule
信号肽	信號肽	signal peptide
信号转导	信號傳導	signal transduction
信息化学物质	資訊化學物質	semiochemicals, infochemicals
信息流	資訊流	information flow
信息素	費洛蒙	pheromone
信息素结合蛋白	費洛蒙結合蛋白	pheromone binding protein
信息素抑制剂	費洛蒙抑制劑	pheromone inhibitor
兴奋性突触后电位	興奮性突觸後電位	excitatory postsynaptic potential, EPSP
型	型	morph
形状辨别	形狀辨識	shape discrimination
行为	行爲	behavior

大　陆　名	台　灣　名	英　文　名
行为多型	行爲多型	polyethism
行为抗性	行爲抗性	behavior resistance
行为可塑性	行爲可塑性	behavioral plasticity
行为模式	行爲模式	behavior pattern
行为生理学	行爲生理學	ethophysiology
行为生态学	行爲生態學	behavioral ecology
行为梯度变异	行爲梯度變異	ethocline
行为调节剂	行爲調節劑	behavior regulator
行为图表	行爲圖表	ethogramme
行为遗传学	行爲遺傳學	ethogenetics, behavioral genetics
性比螺旋体	性比螺旋體	SR spirochetes
性母	性母	sexupara, sexuparae（复）
性色	雌雄性色	epigamic color
性特异基因表达	性特異基因表現	sex-specific gene expression
性信息素	性費洛蒙	sex pheromone
性信息素合成激活肽	費洛蒙合成激活肽	pheromone biosynthetic activating neu-ropeptide, PBAN
性蚜	有性蚜	sexuale
性引诱剂	性引誘劑,性誘餌	sex attractant
性状	性狀,特徵	character
性状极化	特徵極性	character polarization
胸板	胸板	sternal shield, sternal plate, sternum
胸板孔	胸板孔	sternal pore
胸部	胸部	thorax, thoraces（复）
胸叉,第三胸板	第三胸板	tritosternum
胸叉基	胸叉基	tritosternal base
胸叉丝	[胸]叉絲,內葉	lacinia, laciniae（复）
胸腹板	胸腹板	sterno-ventral shield
胸后板	胸後板	metasternal plate, metasternal shield, me-tasternum
胸后毛,第四胸毛	胸後毛	metasternal seta
胸喙亚目	胸喙亞目	Sternorrhyncha
胸节(=前脊沟)		
胸毛	胸毛	sternalia, sternal seta
胸前板,第一胸板	前胸板	presternal plate, presternum, pretoster-num
胸神经节	胸神經球	thoracic ganglion
胸唾腺	胸腺	thoracic gland

大 陆 名	台 湾 名	英 文 名
胸线,腹板线	胸線	sternal line
胸殖板	胸殖板	sterno-genital plate
胸足	胸足	thoracic leg
雄虫多型	雄蟲多型	poecilandry
雄虫灭绝	滅雄	male annihilation
雄蜂	雄蜂	drone
雄模	雄模	androtype
雄生殖节	雄生殖節	andrium
雄性附腺	雄性附腺	paragonia gland
[雄]性肽	[雄]性肽	sex peptide
休眠,蛰伏	休眠	dormancy
休眠体	休眠體,化播體,載播體	hypopus, hypopodes(复)
修建	修建	rehabilitation
修饰行为	修飾行爲	grooming behavior
嗅觉条件化	嗅覺條件化	olfactory conditioning
嗅觉仪	嗅覺儀	olfactometer
嗅叶(=触角叶)	嗅覺葉(=觸角葉)	olfactory lobe(=antennal lobe)
须跗毛	跗毛,觸跗毛	tarsala, palptarsal seta
须感器	觸感器	palpal receptor
须股毛	腿毛	femorala, femoral seta
须肢	觸肢	palp, palpus, palpi(复)
须肢底毛	鬚肢底毛	antapical palpal seta
须[肢]跗节	觸肢跗節	palpal tarsus, palptarsus
须[肢]股节	觸肢腿節	palpfemur, pedipalpal femur
须[肢]基	觸[肢]基	palpal base
须[肢]基节	觸基節	palpal coxa, palpcoxa
须[肢]间毛	鬚間毛	interpalpal seta
须[肢]胫节	觸脛節	palptibia, pedipalpal tibia
须[肢]胫节爪	觸脛節爪	palptibial claw
须肢毛	觸肢毛	palpal seta
须[肢]膝节	觸膝節	palpgenu, pedipalpal genu
须[肢]爪	觸爪	palpal claw, pedipalpal claw
须[肢]爪复合体	鬚爪複合體	thumb-claw complex, palpal claw complex
须[肢]转节	觸轉節	palptrochanter, pedipalpal trochanter
须肢转器	觸肢轉器	palptrochanteral organ
须趾节	觸趾節	palpal apotele
序贯抽样法	逐次取樣法	sequential sampling

大　陆　名	台　灣　名	英　文　名
序位体系,阶元系统	階元系統	hierarchy
悬骨	懸骨	phragma, phragmata(复)
悬韧带	懸垂絲	suspensory ligament
选模	選模	lectotype
K 选择	K 選擇	K-selection
r 选择	r 選擇	r-selection
选择毒性	選擇毒性	selective toxicity
选择行为	選擇行爲	choice behavior
选择抑制比	選擇性抑制比	selective inhibitory ratio
学名	學名	scientific name
学习	學習	learning
血氨基酸过多症	血氨酸過多症	hyperaminoacidemia
血蛋白缺乏[症]	血蛋白缺乏症	hypoproteinenia
血淋巴	血淋巴	hemolymph, haemolymph
血尿热	血尿熱	red-water fever
血腔	血腔	hemocoel, haemocoel
血腔受精	血腔受精	haemocoelic insemination
血腔胎生	血腔胎生	haemocoelous viviparity
血清型	血清型	serotype
血鳃	血鳃	blood gill
血细胞	血細胞	hemocyte, haemocyte
血细胞激肽	血球激肽	hemokinin
血细胞减少[症]	血球减少症	hemocytopenia
血细胞凝集素	血細胞凝集素	lectin, hemagglutinin
血相	血相	hemogram
驯化	馴化	acclimation
蕈巢共生	蕈巢共生	mycetometochy
蕈毒碱性受体	蕈毒鹼性受體	muscarinic receptor, mAChR
蕈毒酮样受体	蕈毒酮樣受體	muscaronic receptor
蕈体冠	輸卵管萼	calyx, calyces(复)
蕈状体	蕈形體	mushroom body, corpora pedunculatum (拉)
蕈状体柄	蕈狀柄	peduncle, pedunculus(拉), pedunculi (复)

Y

大　陆　名	台　灣　名	英　文　名
压丝器	注絲器	thread press, silk press
芽孢杆菌麻痹病	芽孢桿菌麻痹病	bacillary paralysis
蚜橙素	蚜橙素	lanigern, strobinin
蚜红素	蚜紅素	erythroaphin
蚜黄液	蚜黄素	aphidilutein
蚜色素	蚜色素	aphins
蚜亚目	蚜亞目	Aphidomorpha
亚背毛	亞背毛	subdorsal seta
亚成虫	亞成蟲	subimago
亚端毛	亞端毛	subterminala, subterminal seta
亚纲	亞綱	subclass
亚肩毛,基节间毛	亞肩毛	subhumeral seta
亚科	亞科	subfamily
亚颏	下唇亞基節	submentum
亚卵黄原蛋白	副卵黃原蛋白	paravitellogenin
亚目	亞目	suborder
亚前缘骨片	亞前緣骨片	subcostal sclerite
亚前缘脉	亞前緣脈	subcosta
亚社会性昆虫	亞社會性昆蟲	subsocial insect
亚属	亞屬	subgenus
亚外颚叶	亞外顎葉	subgalea, parastipes
亚叶	亞葉	sublamella
亚缘毛,边毛	亞緣毛	submarginal seta
亚殖毛	亞殖毛	subgenital seta
亚中毛	亞中毛	submidian seta
亚种	亞種	subspecies
亚族	亞族	subtribe
咽	咽喉	pharynx
咽板	咽板	pharyngeal plate
咽泵	咽泵	pharyngeal pump
咽侧体	咽喉側腺	corpus allatum, corpora allata(复)
咽侧体切除术	咽喉側腺切除術	allatectomy
咽侧体神经	咽喉側腺神經	nervus corpusis allatica(拉)

大　陆　名	台　灣　名	英　文　名
咽泡	咽泡	pharyngeal bulb
咽片	咽喉骨片	pharyngeal sclerite, pharyngea
咽下神经	食道下神經	subpharyngeal nerve
咽下腺,王浆腺	下咽喉腺,側咽喉腺	hypopharyngeal gland, lateral pharyngeal gland
胭脂	胭脂	kermes
胭脂酮酸	胭脂酮酸	kermesic acid
烟碱受体	煙鹼受體	nicotinic receptor, nAChR
颜脊	顏脊	facial carina
颜面	顏面	face, facies(复), facia(复)
颜鬃	顏面剛毛	facial bristle
檐形突(＝前足体突)		
眼	眼	eye
眼板	眼板	eye plate, ocular plate, ocular shield
眼红素	視紅質	erythropsin
眼后鬃	眼後剛毛	postocular bristle
眼黄素	眼黃素	xanthommatin
眼眶	眼眶	orbit
眼毛	小眼區	ocularia
眼桥	眼橋	eye bridge
眼色素	眼色素	ommochrome
眼色素小体	眼色素小體	chromasome
眼耀	眼耀	eyeshine
衍征	裔徵	apomorphy
厌恶学习	厭惡學習	aversion learning
阳基侧突	側性片	paramere
阳茎瓣	陰莖瓣	penis valve
阳茎端	陰莖端	phallicata
阳茎[端]	陰莖,插入器	aedeagus, aedaeagus
阳茎端环	陰莖套	anellus, juxta
阳茎端膜	包膜	vesica, preputial membrane
阳茎基	陰莖附片	phallobase
阳茎基腹铗	陰莖鉗	volsella
阳茎口,次生生殖孔	次生生殖孔	secondary gonopore, phallotreme
阳茎内突	陰莖內骨突	aedeagal apodeme
阳茎鞘	陰莖鞘	manica
阳茎丝	陰莖絲	penisfilum
阳茎针	陰莖針	cornuti

大　陆　名	台　灣　名	英　文　名
阳具	陰莖	phallus
阳具叶	陰莖葉	phallomere
氧化氮能神经元	氧化氮能神經原	nitrergic neuron
养蚕学	養蠶學	sericulture
养蜂学	養蜂學	apiculture
恙虫病	恙蟎病	tsutsugamushi disease, scrub typhus
恙虫病立克次体	立克次體恙蟲病	*Rickettsia tsutsugamushi*
恙蟎	恙蟎	chigger mite, trombiculid mite
恙蟎[立克次体]热	恙蟎[立克次體]熱	chigger-borne rickettsiosis
恙蟎皮炎	恙蟎皮炎	trombiculosis
叶	片	lamella, lamellae（复）
α 叶	α 葉	alpha lobe
β 叶	β 葉	beta lobe
叶蛾素	葉蛾素	phyllobombycin
叶间毛	葉間毛	interlamellar seta
叶浸渍法	葉浸施藥法,葉浸漬法	leaf-dipping method
叶蟎	葉蟎	tetranychid mite, spider mite
叶毛	葉毛	lamellar seta
叶状血细胞	葉狀血細胞	lamellocyte
腋瓣	冠瓣	calypter, squama
腋区	腋區	axillary region
腋索	腋索	axillary cord
一雌多雄	一雌多雄	polyandry
一寄主蜱(=一宿主蜱)		
一宿主蜱,一寄主蜱	一寄主蜱	one-host tick
一雄多雌	一雄多雌	polygyny
医学昆虫学	醫用昆蟲學(醫學昆蟲學)	medical entomology
医学蜱蟎学	醫學蜱蟎學,醫用蟎蜱學	medical acarology
衣壳(=壳体)		
衣鱼目(=衣鱼亚目)		
衣鱼亚目,衣鱼目	衣魚亞目	Zygentoma
遗传病	遺傳病	inherited disease
遗传多样性	遺傳多樣性	genetic diversity
遗忘名	遺忘名	nomen oblitum（拉）
移动性	移動性	mobility

大　陆　名	台　灣　名	英　文　名
疑名	疑名	nomen dubium(拉), nomen dubia(复), nom. dub.
蚁播	蟻媒傳播	myrmecochory
蚁巢	蟻巢	formicary
蚁盗,盗食者	盜食者	synecthran
蚁菌瘤	蟻菌瘤	bromatia
蚁客	蟻客	myrmecoxene, symphile
蚁客共生	蟻客共生	myrmecoclepty
蚁植共生	蟻植共生	syndiacony
蚁冢昆虫	蟻塚昆蟲	myrmecophile
乙酰胆碱	乙醯膽鹼	acetylcholine
乙酰胆碱受体	乙醯膽鹼受體	acetylcholine receptor
乙酰胆碱酯酶	乙醯膽鹼酯酶	acetylcholinesterase, AChE
乙酰胆碱酯酶复活[作用]	乙醯膽鹼酯酶再活化	acetylcholinesterase reactivation
乙酰胆碱酯酶老化	乙醯膽鹼酯酶老化	aging of acetylcholinesterase
乙酰化作用	乙醯化作用	acetylation
N-乙酰葡糖胺	N-乙醯葡萄糖胺	N-acetylglucosamine
乙氧香豆素 O-去乙基酶	乙氧香豆素 O-去色基酶	ethoxylcumarin O-deethylase, ECOD
抑卵激素	抑卵激素	oostatic hormone
抑性信息素肽	抑費洛蒙素	pheromonostatin
抑血细胞聚集素	抑血球聚集素	hemolin
抑咽侧体神经肽	抑咽喉側腺神經肽	allatostatin
抑制中浓度	半數抑制濃度	median inhibitory concentration, I_{50}
抑制作用	抑制作用	inhibition
易化	容易化	facilitation
益己素	阿洛蒙	allomone
益它素	開洛蒙	kairomone
异步肌	非同步肌	asynchronous muscle
异翅亚目	異翅亞目	Heteroptera
异地保育	異地保育	*ex situ* conservation, off-site conservation
异动态昆虫	異動態昆蟲	heterodynamic insect
异盾	異盾	alloscutum
异蛾亚目	異蛾亞目	Heterobathmina
异跗类	異節類(**異跗類**)	Heteromera
异角类	異角類	Heterocera

大　陆　名	台　灣　名	英　文　名
异龄行为多型	異齡行爲多型	age polyethism
异模(观念模)	觀念模	ideotype
异配生殖	異配偶	heterogamy
异生物质,外源化合物	異生物質	xenobiontics
异时发生	不規則發生	heterochrony
异时亚种	異時亞種	allochronic subspecies
异时种	異時種	allochronic species
异速生长	不相稱生長	allometry, heterogonic growth
异态交替	異態交替	alloiogenesis
异物同名	異物同名	homonym, hom.
异型有性世代交替(**异型生殖**)	異態生殖(**異型生殖**)	heterogenesis, heterogeny
异型爪	異型爪	paralycus
异形再生	異形變態,異形再生	heteromorphosis, heteromorphous regeneration
异须亚目	異鬚亞目	Inaequipalpia
异养生物	異營性生物	heterotroph
异域分布	異域性,異域分佈	allopatry, allopatric distribution
异域物种形成	異域種化	allopatric speciation
异源同形	異源同形	homoplasy
异质性	異質性	heterogeneity
异质种群	互通族群	metapopulation
异种化感,他感作用	抑他作用	allelopathy
异种化感物,他感物质	相剋物質	allelochemicals, allelopathic substance
缢蛹	縊蛹	succincti
翼状突	翼	ala, alae(复)
音锉	銼弦	file, stridulitrum
阴道	陰道	vagina
阴门	陰戶	vulva
阴门瓣	性鞘瓣	valvula vulvae
阴片	陰片	sterigma
引诱剂	引誘劑	attractant
隐蔽期	隱蔽期	eclipse period
隐成虫	預成蟲	pharate adult
隐存种	隱蔽種	cryptic species
隐腹类	隱腹類	Cryptogastra
隐角类	隱角椿亞目	Cryptocerata

大　陆　名	台　灣　名	英　文　名
隐母	隱母	cryptogyne
隐肾管	隱腎管	cryptonephridial tube
隐生状态	隱生狀態	cryptobiosis
隐态	隱態	crypsis
隐头蛹	隱頭蛹	cryptocephalic pupa
隐影	隱影	counter shading
印记	印記,印痕	imprinting
印楝素	印楝素	azadirachtin
樱桃斑驳叶病	櫻桃斑駁葉病,櫻桃葉斑駁病	cherry mottle leaf
应激反应	壓力反應	stress response
应用昆虫学	應用昆蟲學	applied entomology
缨翅目	纓翅目	Thysanoptera
缨尾目	纓尾目	Thysanura
萤光	螢光	luminescence
萤光素	螢光素	luciferin
萤光素酶	螢光素酶	luciferase
营养层位	營養層位	trophic states
营养结构	營養結構	trophic structure
营养体时期	營養體期	vegetative cell phase
营养物质循环	營養物質迴圈	cycle of nutritive materials
营养性不育	營養性不孕	alimentary castration
营养性特化	營養特異性	nutritional specialization
蝇抗菌肽	雙翅素	diptercin
蝇蛆病	蠅蛆病	myiasis
瘿螨	節蜱	eriophyoid mite
拥挤度指数	擁擠度指數	index of crowding
蛹	蛹	pupa, pupae（复）
蛹便	蛹便	meconium
蛹生类	蛹生類	Omaloptera, Pupipara
蛹胎生	蛹胎生	pupaparity
涌散	湧散	swarming
幽门括约肌	幽門括約肌	pyloric sphincter
幽门腔	幽門腔	pyloric chamber
优势度	優勢	dominance
优势种	優勢種	dominant species
优先律	優先律	law of priority
游移期,漫行期	遊移期,漫行期	wandering phase

大　陆　名	台　灣　名	英　文　名
游泳足	游泳足	natatorial leg
有瓣类	有瓣類	Calyptratae
有翅蚜	有翅蚜	alatae
有翅亚纲	有翅亞綱	Pterygota
有颚类	有顎類	Mandibulata
有缝组	有縫組	Schizophora
有害昆虫	有害昆蟲	harmful insect
有害生物综合防治	有害生物綜合防治	integrated pest control
有喙亚目	旋喙亞目	Glossata
有机磷类杀虫剂	有機磷類殺蟲劑	organophosphorus insecticides
有机氯类杀虫剂	有機氯類殺蟲劑	organochlorine insecticides
有效积温法则	有效積溫律	law of effective accumulative temperature
有效名	有效名	valid name
有效中量	有效中量	medium effective dose, ED_{50}
有效中浓度	有效中濃度	median effective concentration, EC_{50}
有性雌蚜	有性雌蚜	amphigonic female, gamic female
有性生殖	有性生殖	gamogenesis
有用昆虫	有用昆蟲	useful insect
有爪纲	有爪綱	Onychophora
诱捕器	誘捕器	trap
诱饵(=诱芯)		
诱发	誘發	induction
诱发剂	誘發劑	inducer
诱发因子	誘發因數	incitant
诱芯,诱饵	誘餌	lure
幼虫	幼蟲	larva, larvae(复)
幼虫白垩病	幼蟲白堊病	chalk brood
幼虫多型	幼蟲多型	poecilogony
幼虫结石病	幼蟲結石病	stonebrood
幼虫前期(=次卵)		
幼虫血清蛋白(=贮存蛋白)		larval serum protein(=storage protein), LSP
幼螨	幼螨	larva, larvae（复）
幼蜱	幼蜱	larva, larvae（复）
幼态延续	幼態持續	neoteny, neoteinia, neotenia
幼体发育(**幼态生殖**)	幼體生殖(**幼態生殖**)	paedomorphosis
幼体生殖	幼體生殖	paedogenesis
幼征	幼徵	paedomorphy

大　陆　名	台　灣　名	英　文　名
蝓螨器	蝓螨器	ereynetal organ
羽化	羽化	emergence，eclosion
羽化激素（＝蜕壳激素）		
羽化时钟（＝蜕壳时钟）		
羽状爪	羽狀爪	feather claw
愈腹亚目	合腹亞目	Symphypleona
育精囊	精子囊	spermatocyst
预测	預後	prognosis
预蛹	前蛹	prepupa
原白细胞	原白血球	proleucocyte
原表皮	原表皮	procuticle
原病毒	病毒原	provirus
原长翅亚目	原長翅亞目	Protomecoptera
原翅类	原翅類	Archiptera
原虫病	原蟲病	protozoal disease
原雌	原雌	protogeny
原发感染	原發感染	primary infection
原蜂毒溶血肽	原蜂毒溶血肽	promelittin
原喙毛	原喙毛	protorostral seta
原甲螨部	原甲螨組	Division Archoribatida
原芥毛	原芥毛	profamulus
原卵区	生殖原質區	germarium
原鞘亚目	原鞘亞目	Archostemata
原躯	原軀	protocorm
原若螨（＝第一若螨）		
原蝙亚目	三枝五節蟲亞目	Mengenillidia
原始共栖	異種共棲（原始共棲）	plesiobiosis
原始型	原始型	archetype
原头	原頭	protocephalon，procephalon
原尾目	原尾目	Protura
原血细胞	原血細胞	prohemocyte
原阳具叶	原陰莖葉	primary phallic lobe
缘凹	緣凹	emargination
缘垛	緣彩，緣垛	festoon
缘沟	緣溝	marginal groove
缘毛	鑲毛狀，緣毛	①fringe ②marginal seta（蜱螨）

大　陆　名	台　灣　名	英　文　名
缘片	楔片,緣區	embolium
缘折	緣摺	epipleuron, epipleura(复)
蚖目	蚖亞目	Acerentomoidea
越冬巢	越冬巢	hibernaculum
运动神经元(＝传出神经元)	運動神經原(＝離心神經原)	motor neuron(＝efferent neuron)
运动视差	移動視差	motion parallax

Z

大　陆　名	台　灣　名	英　文　名
杂合群体	雜合群體	allometrosis
杂食类	雜食類	omnivore
杂植食性螨类	雜植食性蟎類	panphytophagous mites
杂种	雜種	hybrid
灾变	災變	catastrophe
灾害生物种形成	災害物種分化	catastrophic speciation
载肛突	負肛突起	proctiger
载体状态(＝带毒状态)		
载脂蛋白	載脂蛋白	lipophorin
再猖獗	復發,再崛起	resurgence
再感染	再感染	reinfection
再生胞囊(＝胞窝)		
脏肌	內臟肌	visceral muscle, musculus viscerum(拉)
藻食亚目	粘食亞目	Myxophaga
早熟素	早熟素	precocene
蚤目	蚤目	Siphonaptera, Rhophoteira
造血器官	造血器官	hemocytopoietic organ, hemopoietic organ
增节变态	增節變態	anamorphosis
增生毛(＝新毛)		
增效比	協力比	synergic ratio, SR
增效差	協力差	synergic difference, SD
增效剂	協力劑	synergist
增效作用	協力作用	synergism
增养作用	增養作用,營養缺陷	auxotropy
展肌	外轉肌	abductor, abductor muscle, musculus abductor(拉)

大 陆 名	台 湾 名	英 文 名
章鱼胺能激动剂	章魚胺性激動劑	octopaminergic agonist
章鱼胺受体	章魚胺受體	octopamine receptor
沼螨腺毛	沼螨腺毛	glandularia limnesiae
召唤	召喚	calling
折衷分类学	折衷分類學	eclectic taxonomy
蜇伏(=休眠)		
真长翅亚目	真長翅亞目	Eumecoptera
真黑色素	真黑色素	eumelanin
真甲螨部	真甲螨組	Division Euoribatida
真菌病	真菌病	mycosis
真菌毒素	真菌毒素	mycotoxin
真菌毒素中毒症	真菌毒素中毒症	mycotoxicosis
真菌菌血病	真菌菌血病	mycethemia
真螨目(=辐毛总目)	①真螨目 ②螨形目	Acariformes (=Actinotrichida)
真皮	真皮	epidermis, hypodermis
真气管类	真氣管類	Eutracheata
真壳型	真殼型	eupheredermes
真社会性昆虫	真社會性昆蟲	eusocial insect
真殖孔	真殖孔	eugenital opening
真殖毛	真殖毛	eugenital seta
真足螨亚目	真足螨亞目	Eupodina
针突	細尾突	stylus, styli(复)
针尾部	針尾部	Aculeata
诊断	診斷	diagnosis
诊断病征	證病的,診斷病症	pathognomonic
挣扎声	警戒聲	protest sound
征召	徵召,補充	recruitment
争夺性竞争	比賽型競爭	contest competition
争偶声	爭偶聲	rivalry sound, rival song
争偶行为	爭偶行爲	rivalry behavior
正二项分布	正二項分佈	positive binomial distribution
正模	正模	holotype
症状	症狀	symptom
症状学	症狀學	symptomatology
支角突	觸角轉軸	antennifer
支序分类	支序分類	cladistic classification
支序分类学	支序學	cladistics
支序图	支序圖	cladogram

大　陆　名	台　灣　名	英　文　名
支原体	黴漿體	mycoplasma
胝	小瘤(胝)	callus, calli(复)
脂肪体	脂肪體	fat body, adipose tissue
脂肪细胞	脂肪細胞	adipocyte, fat cell
脂褐质	脂褐質	lipofuscin
脂卵黄蛋白	脂卵黄蛋白	lipovitellin
脂色素	脂色素	lipochrome
脂血细胞	脂血細胞	adipohemocyte, adipohaemocyte
脂族酯酶	脂族酯酶	aliesterase
直肠	直腸	rectum
直肠垫	直腸墊	rectal pad
直肠囊	直腸囊	rectal sac
直肠乳突	直腸乳突	rectal papilla
直肠鳃	直腸鰓	rectal gill
直肠肽	直腸肽	proctolin
直肠腺	直腸腺	rectal gland
直翅目	直翅目	Orthoptera
直动态	直動態	orthokinesis
直接变态	直接變態	direct metamorphosis
直裂亚目	直裂亞目	Orthorrhapha
直胚带	直胚帶	orthoblastic germ band
植食性螨类	植食性螨類	phytophagous mites
植绥螨	捕植螨	phytoseiid mite
植物性蜕皮素	植物性蜕皮素	phytoecdysone
植物性蜕皮甾类	植物性類蜕皮素	phytoecdysteroids
植物蚁巢	植物蟻巢	myrmecodomatia
殖腹板	殖腹板	genito-ventral shield
殖腹肛板	殖腹肛板	genito-ventroanal shield
殖腹毛	殖腹毛	genito-ventral seta
殖肛板	殖肛板	anogenital plate, genito-anal plate
殖肛毛	殖肛毛	genito-anal seta
殖弧梁	殖弧梁	tignum
殖弧叶	殖弧葉	gonarcus
殖吸盘板	殖吸盤板	acetabular plate
殖下片	殖下片	gonapsis, gonapsides(复)
指名单元	指名分類單元	nominal taxon
趾	趾	digit, digitus, digiti(复)
趾钩	趾鉤	crochet

大　陆　名	台　灣　名	英　文　名
酯酶	酯酶	esterases
致癌毒性	致癌毒性	carcinogenic toxicity
致病力,毒力	致病力	virulence
致死性合成	致死性合成	lethal synthsis
致死中量(=半数致死量)		
致死中浓度	半數致死濃度	median lethal concentration, LC$_{50}$
致死中时	半數致死時間	median lethal time, LT$_{50}$
稚虫	稚蟲	naiad
质型多角体病	胞質多角體病	cytoplasmic polyhedrosis
质型多角体病毒	胞質多角體病毒	cytoplasmic polyhedrosis virus, CPV
滞留喷洒	殘效	residual spray
滞留素	制蟲劑	arrestant
滞育	滯育	diapause
滞育蛋白	滯育蛋白	diapause protein
滞育激素	滯育激素	diapause hormone, DH
栉	櫛齒	ctenidium, ctenidia(复)
栉毛,梳毛	櫛毛,梳毛	pectinate seta, feathered seta
中板	中板	medial shield, median plate
中背板	中背板	mesonotal shield
中背片	中背板	mediotergite
中背小盾片	中背小盾片	mesonotal scutellum
中表皮	中表皮	mesocuticle
中侧片鬃	中側板剛毛	mesopleural bristle
中肠	中腸	midgut, mesenteron(拉)
中肠激素	中腸激素	midgut hormone
中唇舌	中舌	glossa, glossae（复）
中单眼	中單眼	median ocellus
中垫	中墊	arolium, arolia(复), arolella, arolanna
中垛	中彩,中飾	parma
中横脉	中脈橫脈	medial crossvein
中黄卵	中卵黃	centrolecithal egg
中喙	吸喙	haustellum, haustella(复)
中间神经元	交連神經原	interneuron
中胫毛	中脛毛	median tibiala
中裂	中裂	medial fracture
中脉	中脈	media
中毛	中毛	central seta

大　陆　名	台　灣　名	英　文　名
中脑	後大腦	deutocerebrum
中脑连索	後腦神經鎖	deutocerebral commissure
中胚管(＝背血管)	中胚管(＝背管)	mesodermal tube(＝dorsal blood vessel)
中片	中板	median plate
中气门目	中氣門亞目	Mesostigmata
中躯	中軀	mesosoma, mesosomata(复)
中舌瓣	中舌瓣	flabellum
中神经索	中神經索	median nerve cord
中室	中室	discoidal cell, median cell
中输卵管	中輸卵管	median oviduct, oviductus communis(拉)
中尾丝	中尾毛	caudal filament, median cercus
中膝毛	中膝毛	median genuala
中心粒旁体	中心體附屬物	centriole adjunct
中性客虫	中性客蟲	neutral synoëkete
中性作用	中性作用,中性理論	neutralism
中胸	中胸	mesothorax
中胸背板	中胸背板	mesonotum
中胸侧板	中胸側板	mesopleuron, mesopleura(复)
中胸腹板	中胸腹板	mesosternum
中颜板	中顏板	mid-facial plate
中颜沟	中顏溝	mid-facial groove
中央体	中心體	central body, corpus centrale(拉)
中殖板	中殖板	mesogynal plate, mesogynal shield
中鬃	前背中剛毛	acrostichal bristle
中足	中足	middle leg, midleg
中毒症	毒素病	toxinosis
盅毛	假氣門器,感器,盅毛	trichobothrium
盅毛窝(＝感器窝)		
螽亚目	螽斯亞目	Ensifera
钟形感器	鍾形感覺器	campaniform sensillum, sensillum cam-paniformium(拉)
终蛹	終蛹	teleochrysalis, teleiophane
种	種	species
种间竞争	種間競爭	interspecific competition
种内竞争	種內競爭	intraspecific competition
种群	族群	population
种群波动	族群變動	population fluctuation
种群参数	族群介量	population parameter

大　陆　名	台　灣　名	英　文　名
种群动态	族群動態	population dynamics
种群结构	族群結構	popilation structure
种群密度	族群密度	population density
种群生存力分析	族群生存力分析	population viability analysis
种群生态学	族群生態學	population ecology
种群生长	族群成長	population growth
种群数量统计	族群普查	population census
种群衰退	族群減退	population depression
种群调节	族群調節	population regulation
种群统计	族群統計	demography
种群萎缩现象	族群萎縮現象	population contraction
种群压力	族群壓力	popilation pressure
种群遗传学	族群遺傳學	population genetics
种下阶元	種內階元	infraspecific category
周期时限	週期時限	gate
周期性孤雌生殖	週期性孤雌生殖	cyclic parthenogenesis, heteroparthe-nogenesis
轴节	軸節	cardo, cardines（复）, pars basalis
轴节基片	軸節基片	basicardo
轴丝	軸絲	axoneme, axial filament
轴突传导	軸突傳遞	axonal transmission
轴突投射	軸突投射	axonal projection
肘脉	肘脈	cubitus
昼夜节律	日律動	circadian rhythm, diurnal rhythm, diel periodicity
蛛形纲	蛛形綱	Arachnida
朱砂精酸	朱砂精酸	cinnabarinic acid
竹节虫目	竹節蟲目	Phasmatodea, Phasmida
	毛蟲	caterpillar
主动扩散	主動分散	active dispersal
主腹片	真腹片	eusternum
主伪瞳孔	主偽瞳孔	principal pseudopupil
助螯器	助螯器	rutellum, rutella（复）
助螯器缝	助螯器縫	antiaxial fissure
助螯器颈	助螯器頸	collum of rutellum
助螯器刷	助螯器刷	rutellar brush
助食素	取食刺激素	phagostimulant, feeding stimulant
助增	增補	augmentation

大　陆　名	台　灣　名	英　文　名
助增释放	增補釋放	augumentation release
贮存蛋白	貯存蛋白	storage protein
贮精囊	貯精囊	seminal vesicle, vesicula seminalis（拉）
筑巢	築巢	nidification
爪	爪	claw, onychium, onychia（复）
爪垫	爪墊	pulvillus, pulvilli（复）
爪间突	爪間體	empodium, empodia（复）
爪片	爪片,指狀突	clavus, clavi（复）
爪片缝	膨起皺	claval suture
爪片结合线	爪片結合線	claval commissure
爪窝	爪窝	fossa, claw fossa
爪窝毛	爪窝毛	fossary seta
爪形突	鈎器	uncus, unci（复）
专性病原体	專性病原體	obligate pathogen
专性病原性细菌	專性病原性細菌	obligate pathogenic bacteria
专性孤雌生殖	偏性孤雌生殖（**專性孤雌生殖**）	obligate parthenogenesis
专性寄生物	專性寄生物	obligatory parasite
专性滞育	專性滯育	obligatory diapause
转导级联	傳導效應	transductory cascade
转节	轉節	trochanter
转节距	轉節距	trochanter spur
转节毛	轉節毛	trochanter seta
转向趋地性	轉向趨地性	geotropotaxis
转主寄生	異主寄生	heteroxenous parasitism
锥尾部	錐尾部	Terebrantia
锥形感器	錐狀感覺器	basiconic sensillum, sensillum basiconicum（拉）
锥形距	錐形距	conical spur
赘脉	小附屬器	appendix
准共生（=类共生）		
准社会性昆虫	擬社會性昆蟲	quasisocial insect
滋养索	滋養索	nutritive cord
滋养细胞	滋養細胞	trophocyte, nurse cell
滋养羊膜	滋養羊膜	trophamnion
髭	頰髭	vibrissa, vibrissae（复）
髭角	頰角	vibrissal angle
姊妹染色单体交换	姊妹染色分體互換	sister-chromatid exchange

大　陆　名	台　灣　名	英　文　名
紫黄质	紫黃質	violaxanthin
紫胶	蟲膠	lac
紫胶酸	蟲膠酸	laccaic acid
紫胶糖	蟲膠糖	laccose
自残	自殘	appendotomy, autotomy
自出血(＝反射出血)	自體出血(＝反射自動出血)	autohemorrhage(＝reflex bleeding)
自发性生殖	單性生殖	autogeny
自复寄生	自寄生	autoparasitism, adelphoparasitism
自拟态	自擬態	automimicry
自然分类	自然分類	natural classification
自然抗性	自然抗性	natural resistance
自然控制	自然控制	natural control
自然生态系统	自然生態系	natural ecosystem
自然生物群落	自然生物群集	eubiocoenosis
自然选择	自然淘汰	natural selection
自然抑制	自然抑制	natural suppression
自融孤雌生殖	自融孤雌生殖	automictic parthenogenesis
自噬作用	自噬作用	autophagocytosis
自疏法则	自疏法則	self-thinning rule
自体分解	自體分解	autolysis
自养生物	自營性生物	autotroph
自有衍征	獨有裔徵	autapomorphy
鬃	剛毛	bristle
踪迹信息素	蹤跡費洛蒙	trail pheromone
综合纲	綜合綱	Symphyla
综合症状	徵候群	syndrome
总科	總科	superfamily
总目	總目	superorder
总耐力	體質耐受性	vigor tolerance
总种	超種	superspecies
总族	總族	supertribe
纵脉	縱脈	longitudinal vein
纵室	縱室	obolongum
足板	足板	podal shield
足背板	足背板	podonotal shield, podonotum, podoscutum
足盖	足蓋,頂區	pedotecta, tectopedium
足后板	足後板	metapodalia, metapodal plate, metapodal

大　陆　名	台　灣　名	英　文　名
		shield
足纳精型	足納精型	podospermic type
足内板	足內板	endopodalia, endopodal plate, endopodal shield
足鳍	足鰭	leg-fin
足前体	足前體[部]	epiprosoma
足体	足體	podosoma
足外板	足外板	exopodal plate
足窝	足盾凹(**足窝**)	leg socket, fovea pedales
族	族	tribe
祖衍镶嵌[现象]	祖裔鑲嵌[現象]	heterobathmy
祖征	祖徵	plesiomorphy
阻碍素	干擾素	deterrent
组织发生	組織發生	histogenesis
组织分解	組織分解	histolysis
组织特异基因表达	組織特異基因表現	tissue-specific gene expression
最大可摄取量	最高攝取容許量	maximal permissible intake, MPI
最低有效剂量	最低有效劑量	minimum effective dose
最低致死剂量	最低致死劑量	minimum lethal dose, MLD
最小存活种群	最小存活族群	minimum viable population
最优采食(**最佳采食**)	最優採食(**最佳採食**)	optimal foraging
作用方式	作用機制	mode of action

副 篇

A

英 文 名	大 陆 名	台 灣 名
abdomen	腹部	腹部
abdomere	腹节	腹節
abdominal comb	腹栉	腹櫛
abdominal ganglion	腹神经节	腹神經球
abdominal gill	腹鳃	腹鰓
abdominal gland	腹腺	腹腺
abdominal leg	腹足	腹足
abdominal segment(=abdomere)	腹节	腹節
abductor	展肌	外轉肌
abductor muscle(拉 mucsulus abductor, =abductor)	展肌	外轉肌
abiotic component(=abiotic factor)	非生物成分(=非生物 因子)	非生物成份(=非生物 因素)
abiotic factor	非生物因子	非生物因素
abjugal suture	前侧缝	前側縫
absolute synonym	绝对异名	絕對異名
abundance	多度,丰度	豐量
Acalyptratae	无瓣类	無瓣類
acanthoides(=eupathidium)	荆毛	荊毛
acanthotaxy	刺序	刺序
Acari	蜱螨亚纲	蟎蜱亞綱
acariasis	螨病	蟎病
acaridiasis(=acariasis)	螨病	蟎病
Acariformes (=Actinotrichida)	真螨目(=辐毛总目)	①真蟎目 ②蟎形目
acarine disease	蜂螨病	蟎病(**蜂蟎病**)
acarinosis(=acariasis)	螨病	蟎病
acarodermatisis	螨性皮炎	蟎性皮炎
accessory antennal nerve	附触角神经	副觸角神經

英　文　名	大　陆　名	台　灣　名
accessory burrow	副穴	副穴
accessory cell(=areoles)	副室	小室
accessory groove	副沟	副溝
accessory plate	副肛侧板	副肛侧板
accessory seta	副毛	附毛
accidental host	偶见宿主	偶然寄主
acclimation	驯化	馴化
acephalous larva	无头幼虫(**无头型幼虫**)	無頭型幼蟲
Acerata	无角类	無角類
Acerentomoidea	蚖目	蚖亞目
acetabula(单 acetabulum)	基节窝	基節窩
acetabular plate	殖吸盘板	殖吸盤板
acetabulum(复 acetabula,=coxal cavity)	基节窝	基節窩
acetylation	乙酰化作用	乙醯化作用
acetylcholine	乙酰胆碱	乙醯膽鹼
acetylcholine receptor	乙酰胆碱受体	乙醯膽鹼受體
acetylcholinesterase(AChE)	乙酰胆碱酯酶	乙醯膽鹼酯酶
acetylcholinesterase reactivation	乙酰胆碱酯酶复活[作用]	乙醯膽鹼酯酶再活化
N-acetylglucosamine	*N*-乙酰葡糖胺	*N*-乙醯葡萄糖胺
AChE(=acetylcholinesterase)	乙酰胆碱酯酶	乙醯膽鹼酯酶
Achreioptera	裂翅亚目	裂翅亞目
acone eye	无晶锥眼	無晶錐眼
acoustic communication	声通讯	聲通訊
acoustic signal	听觉信号	聽覺信號
acridiommatin	蝗眼色素	蝗眼色素
acridioxanthin	蝗黄嘌呤	蝗黄嘌呤
acrodendrophily	嗜树梢性	嗜樹梢性
acrosomal granule	顶体颗粒	頂體顆粒
across fiber patterning	跨纤维传导型	跨纖維傳導型
acrostichal bristle	中鬃	前背中剛毛
acrotergite	端背片	背板緣片
acrotrophic ovariole(=telotrophic ovariole)	端滋卵巢管	端滋型微卵管
actinopiline	光毛质	光毛質
Actinotrichida	辐毛总目	辐毛目
action potential	动作电位	運動脈動
activation	活化作用	活化作用
activation center	激活中心	活化中心

英　文　名	大　陆　名	台　灣　名
active dispersal	主动扩散	主動分散
active hypopus	活动休眠体	活動遷移體
active ingredient	活性组分	活性成份
actograph	活动图	活動圖
Aculeata	针尾部	針尾部
acute paralysis	急性麻痹病	急性麻痹病
acute toxicity	急性毒性	急性毒性
acute zone	锐带	銳帶
adanal plate	肛侧板	肛側板
adanal pore	肛侧孔	肛側孔
adanal seta	肛侧毛	肛側毛
adanal shield(= adanal plate)	肛侧板	肛側板
adaptation	适应	適應
adductor	收肌	內轉肌
adductor muscle(拉 musculus adductor, = adductor)	收肌	內轉肌
adecticous pupa	无颚蛹	無顎蛹
adelphoparasitism(= autoparasitism)	自复寄生	自寄生
adenotrophic viviparity	腺养胎生	腺養胎生
adenylluciferin	腺苷酰萤光素	腺苷醯螢光素
adenyloxyluciferin	腺苷酰氧化萤光素	腺苷醯氧化螢光素
Adephaga	肉食亚目	肉食亞目
adfrontal sclerites	旁额片	側額片
adfrontal seta	旁额毛	側額剛毛
adhesive organ (= tenent hair)	黏器官(= 黏毛)	黏器(= 黏毛)
adipocyte	脂肪细胞	脂肪細胞
adipohaemocyte(= adipohemocyte)	脂血细胞	脂血細胞
adipohemocyte	脂血细胞	脂血細胞
adipokinetic hormone(AKH)	激脂激素	激脂激素
adipose tissue(= fat body)	脂肪体	脂肪體
adoral seta	口侧毛	口側毛
adrenergic fiber	肾上腺素能神经纤维	腎上腺素能神經纖維
adult	①成虫 ②成螨 ③成蜱	①成蟲 ②成蟎 ③成蜱
aedaeagus(= aedeagus)	阳茎[端]	陰莖,插入器
aedeagal apodeme	阳茎内突	陰莖內骨突
aedeagus	阳茎[端]	陰莖,插入器
Aequipalpia	同须亚目	同鬚亞目
aerial larva	气生幼螨	氣生幼蟎

英　文　名	大　陆　名	台　灣　名
aeropyle	气洞	氣洞
aeroscepsy	声嗅感觉	聲嗅感覺
aerotaxis	趋气性	趨氣性
aestivation	夏眠,夏蛰	夏眠
afferent duct	导精管	導精管
afferent neuron	传入神经元	向心神經原
African Realm(= Afrotropical Realm)	非洲界(非洲区)	非洲區
Afrotropical Realm	非洲界(非洲区)	非洲區
after-hyperpolarization potential	超极化后电位	超過極化後電位
agamospecies	无性生殖种	無性生殖種
age polyethism	异龄行为多型	異齡行爲多型
age-specific life table	年龄特征生命表	齡別生命表
aggenital-anal plate	侧殖肛板	側殖肛板
aggenital plate	侧殖板	側殖板
aggenital seta	侧殖毛	側殖毛
aggregate	聚合体	聚合體
aggregated distribution	聚集分布	聚集分佈
aggregation	聚集	聚集
aggregation pheromone	聚集信息素	聚集費洛蒙
aggressive behavior	攻击行为	攻擊行爲
aggressive mimicry	攻击拟态	攻擊擬態
aggressive phonotaxis	攻击趋声性	攻擊趨聲性
aging of acetylcholinesterase	乙酰胆碱酯酶老化	乙醯膽鹼酯酶老化
agricultural acarology	农业螨类学	農業蟎類學
agricultural entomology	农业昆虫学	農業昆蟲學
agrobiocoenosis	农业生物群落	農業生物群集
agro-ecosystem	农业生态系统	農業生態系
agro-forest ecosystem	农林复合生态系统	農林複合生態系
air-borne sound	气导声	氣導聲
air-flow receptor	气流感受器	氣流感應器
air sac	气囊	氣囊
air vesicle(= air sac)	气囊	氣囊
AKH(= adipokinetic hormone)	激脂激素	激脂激素
ala(复 alae)	翼状突	翼
alae(单 ala)	翼状突	翼
alaraliae	翅桥	翅基突
alar calypter(= upper squama)	上腋瓣	上腋瓣
alar frenum （拉）	翅韧带	翅基韌帶

英　文　名	大　陆　名	台　灣　名
alaria	背翅突	背翅突
alarima	侧舌间裂	側舌間縫
alarm pheromone	警戒信息素	報警費洛蒙,警戒費洛蒙
alary muscle(拉 musculus alaris)	心翼肌	翼狀肌
alary polymorphism	翅多型	翅多型
alatae	有翅蚜	有翅蚜
alert pheromone(＝alarm pheromone)	警戒信息素	報警費洛蒙,警戒費洛蒙
Aleyrodomorpha	粉虱亚目	粉蝨亞目
alienicola(复 alienicolae)	侨蚜	轉移寄主蚜
alienicolae(单 alienicola)	侨蚜	轉移寄主蚜
aliesterase	脂族酯酶	脂族酯酶
alifer	侧翅突	側板翅突(側翅突)
alifera(复 aliferae，＝epipleurite)	上侧片	載翅突起
aliferae(单 alifera)	上侧片	載翅突起
alimentary castration	营养性不育	營養性不孕
alkaline gland(＝Dufour's gland)	碱腺(＝杜氏腺)	鹼腺(＝杜福氏腺)
allantoic acid	尿囊酸	尿囊酸
allantoin	尿囊素	尿囊素
allatectomy	咽侧体切除术	咽喉側腺切除術
allatostatin	抑咽侧体神经肽	抑咽喉側腺神經肽
allatotropin	促咽侧体神经肽	促咽喉側腺神經肽
allelochemicals	异种化感物,他感物质	相剋物質
allelopathic substance (＝allelochemi-cals)	异种化感物,他感物质	相剋物質
allelopathy	异种化感,他感作用	抑他作用
allochronic species	异时种	異時種
allochronic subspecies	异时亚种	異時亞種
alloiogenesis	异态交替	異態交替
allometrosis	杂合群体	雜合群體
allometry	异速生长	不相稱生長
allomone	益己素	阿洛蒙
allopatric distribution (＝allopatry)	异域分布	異域性,異域分佈
allopatric speciation	异域物种形成	異域種化
allopatry	异域分布	異域性,異域分佈
alloscutum	异盾	異盾
allotype	配模	配模
allozyme	等位基因酶	等位基因同功酶
alpha lobe	α 叶	α 葉

英 文 名	大 陆 名	台 灣 名
alpha taxonomy	α 分类	α 分類學,形態分類學
alternate host	替代宿主	代用寄主
alternation of generations	世代交替	世代交替
alternative substrate inhibition	交替底物抑制	交替受質抑制作用
altruism	利他现象	利他現象
alula(复 alulae)	翅瓣	小翅
alulae(单 alula)	翅瓣	小翅
aluler(=alula)	翅瓣	小翅
alveoli (单 alveolus)	毛窝	毛窩
alveolus(复 alveoli)	毛窝	毛窩
Amblycera	钝角亚目	隱角亞目
ambrosia	虫道菌圃	蟲道菌圃
ambulacra(单 ambulacrum)	①步行足(=ambulato-rial leg) ②步爪(**步行爪**)	①步行足(=ambulato-rial leg) ②步行爪
ambulacral organ	步行器	前跗節(**步行器**)
ambulacrum(复 ambulacra)	步爪(**步行爪**)	步行爪
Ambulatoria	步行类	步行類
ambulatorial leg	步行足	步行足
ambulatorial seta	步刚毛	步行用剛毛
ambush	伏击	伏擊
ameiotic parthenogenesis(=apomictic parthenogenesis)	非减数孤雌生殖	非減數孤雌生殖
amenotaxis	趋风性	趨風性
amensalism	偏害共生	片害共生
American foulbrood	美洲幼虫腐臭病	美洲幼蟲腐敗病
Ametabola	无变态类	無變態類
amidase	酰胺酶	胱胺酯解
aminoacidemia	高氨酸血[症]	高氨酸血[症]
amoeba disease	变形虫病	變形蟲病
amphigonic female	有性雌蚜	有性雌蚜
amphigony (=gamogenesis)	两性生殖(=有性生殖)	两性生殖(=有性生殖)
amphipneustic respiration	两端气门呼吸	兩端氣門呼吸
amphiterotoky(=anthogenesis)	产雌雄孤雌生殖	産雌雄單性生殖
ampullaceous sensillum(拉 sensillum ampullaceum)	坛形感器	罈狀感覺器
anabiosis	间生态	復甦

英 文 名	大 陆 名	台 灣 名
Anactinotrichida	非辐毛总目	非輻毛目
anagenesis	累变发生,前进进化	累變進化
anal angle	臀角	臀角
anal appendage	肛附器	臀附器
anal cleft	臀裂	臀裂
anal comb	臀栉	臀櫛
anal field(=vannal region)	臀区	臀區
anal fold(=vannal fold)	臀褶	摺脈
anal fork	尾叉	尾叉
anal gland	肛门腺	肛門腺
anal groove	肛沟	肛溝
anal lobe	臀叶	臀葉
anal orifice(=anus)	肛门	肛門
anal pads	肛垫	肛墊
anal papilla	肛乳突	肛乳突
anal pedicel	肛柄	肛柄
anal plate(=anal shield)	肛板	肛板
anal segment	肛节	肛節
anal seta	肛毛	肛毛,肛剛毛
anal shield	肛板	肛板
anal stylet	尾针	尾針
anal sucker	肛吸盘	肛吸盤
anal sucker plate	肛吸盘板	肛吸盤板
anal valve	肛瓣	肛瓣
anal vein	臀脉	臀脈
anamorphosis	增节变态	增節變態
anapleurite	上基侧片	上基側片
Anapterygota	废翅类(**后生无翅类**)	後天性無翅類(**後生無翅類**)
Anareolatae	胫缘亚目	脛緣亞目
anastomosis	并脉	併走法
anatrepsis	胚体上升	倒胚法,倒胚作用
anautogeny	非自发性生殖	非自發性生殖
anchoral process	锚突	胸突
andrium	雄生殖节	雄生殖節
androcidal action	杀雄作用	殺雄作用
androconia	香鳞	香鱗
androtype	雄模	雄模

英 文 名	大 陆 名	台 灣 名
anellus	阳茎端环	陰莖套
anepimeron	上后侧片	上後側片
anepisternum	上前侧片	上前側片
Anisoptera	差翅亚目	不均翅亞目(**差翅亞目**)
Anisozygoptera	间翅亚目	間翅亞目
ankyloblastic germ band	弯胚带	彎胚帶
Annulipalpia	环须亚目	環鬚亞目
anogenital plate	殖肛板	殖肛板
Anoplura	虱目	蝨目
antacoria	角基膜	觸角基膜
antafossa(=antennal socket)	触角窝	觸角窩
antagonism	拮抗作用	拮抗作用
antagonistic bristle	拮鬃	拮鬃
antapical palpal seta	须肢底毛	鬚肢底毛
Antarctic Realm	南极界(**南极区**)	南極區
Antarctoperlaria	南蜻亚目	南蟻翅亞目
anteclypeus	前唇基	前唇基
antecostal sulcus	前脊沟,胸节	前脊溝
antelaterals(=anterolateral seta)	前侧毛	前側毛
antenna(复 antennae)	触角	觸角
antenna cleaner(=strigilis)	净角器	清角器
antennae(单 antenna)	触角	觸角
antennal formula	触角列式	觸角長度式(**觸角列式**)
antennal fossa(=antennal socket)	触角窝	觸角窩
antennal glandularia	触腺毛	觸腺毛
antennal lobe	触角叶	觸角葉
antennal neuron	触角神经元	觸角神經原
antennal socket	触角窝	觸角窩
antennifer	支角突	觸角轉軸
antepygidial bristle	臀前鬃	臀前剛毛
antepygidial process	臀前突	臀前突
antepygidial seta(=antepygidial bristle)	臀前鬃	臀前剛毛
anterior apodeme	前表皮内突	前[表皮]内突
anterior basalare	翅前副片	前翅基片
anterior dorsal commissure	前连索	前背神經鎖
anterior dorsal seta	前背毛	前背毛

英 文 名	大 陆 名	台 灣 名
anterior genuala	前膝毛	前膝毛
anterior medial seta(= anteromedian seta)	前中毛	前中毛
anterior notal wing process(= medalaria)	前背翅突	前背翅突
anterior parasquamal tuft	前瓣旁簇	前瓣旁簇
anterior shield lobe	前叶突,前板叶	前葉突
anterior tibiala	前胫毛	前脛毛
anterolateral scutals	前侧盾毛	前側盾毛
anterolateral seta	前侧毛	前側毛
anteromedian projection	前中突	前中突
anteromedian seta	前中毛	前中毛
anthogenesis	产雌雄孤雌生殖	産雌雄單性生殖
anthophilous insect	喜花昆虫	嗜花昆蟲
anthophily	传粉作用	授粉作用
anti-attractant	抗引诱剂	抗引誘劑
antiaxial fissure	助螯器缝	助螯器縫
antibiosis	抗生作用	抗生作用
antibody	抗体	抗體
anticholinesterase agents	抗胆碱酯酶剂	抗膽鹼酯酶劑
anticoagulant	抗凝血剂	抗凝血劑
antidiuretic hormone(= antidiuretic peptide)	抗利尿激素(= 抗利尿肽)	抗利尿激素
antidiuretic peptide	抗利尿肽	
antidote	抗毒剂	拮抗劑
antifeedant	拒食剂	拒食劑
antifreeze protein	抗冻蛋白	抗凍蛋白
antigen	抗原	抗原
antiinsect antibiotic	杀虫抗生素	殺蟲抗生素
antixenosis	排拒作用	排拒作用
antrum	导管端片	導管端片
anus	肛门	肛門
Anystina	大赤螨亚目	大赤蟎亞目
aorta	大血管	大動脈
apamin	蜂神经毒肽	蜂神經毒肽
apheredermes	无壳型	無殼型
aphidilutein	蚜黄液	蚜黃素
Aphidomorpha	蚜亚目	蚜亞目
aphins	蚜色素	蚜色素
aphrodisiac	催欲素(催欲剂)	催欲劑

英　文　名	大　陆　名	台　灣　名
apical angle	顶角	頂角
apical appendage	端附器	端附器
apiculture	养蜂学	養蜂學
apidaecin	蜜蜂抗菌肽	蜜蜂抗菌素
apimyiasis	蜜蜂蝇蛆病	蜜蜂蠅蛆病
apitoxin	蜂毒	蜂毒
aplasia	不发育	發育不全
apneumone	偏益素	偏益素
Apocrita	细腰亚目	細腰亞目
apodeme	表皮内突(**内突**)	内骨突(**内突**)
apolipoprotein	脱脂载脂蛋白	脫脂載脂蛋白
apolysis	皮层溶离	蛻離
apomictic parthenogenesis	非减数孤雌生殖	非減數孤雌生殖
apomorphy	衍征	裔徵
apopheredermes	离壳型	離殼型
aposematic coloration(=warning coloration)	警戒色	警戒色
aposematism	警戒作用	警戒作用
apotype	补模	補模,辨名模
appendage	附肢	胕肢,附肢
appendix	赘脉	小附屬器
appendix dorsalis	背附器	背附器
appendotomy	自残	自殘
appetitive flight	琐飞	斷續飛行
applied entomology	应用昆虫学	應用昆蟲學
apposition eye	联立眼	聯立眼
apposition image	联立像	聯立影像
apron	生殖帷	生殖帷
aptera	无翅形体	無翅[形]體
Aptera	无翅目	無翅類
Apterygota	无翅亚纲	無翅亞綱
Arachnida	蛛形纲	蛛形綱
Archaeognatha	石蛃亚目,石蛃目	石蛃亞目
archetype	原始型	原始型
Archiptera	原翅类	原翅類
Archostemata	原鞘亚目	原鞘亞目
Arctoperlaria	北蜻亚目	北蜻翅亞目
arculus	弓脉	弓脈

英 文 名	大 陆 名	台 灣 名
areae(= cell)	翅室	翅室,小翅室
areae porosae dorsosejugales	背颈缝孔区	背頸縫孔區
areae porosae laterales	侧孔区	側孔區
areola	①翅室(= cell) ②辐孔区	①翅室,小翅室(= cell) ② 輻孔區
Areolatae	胫棱亚目	脛棱亞目
areoles	副室	小室
Aristocera(= Cyclorrhapha)	环裂亚目	環裂亞目
Arixenina	蝠螋亚目	蝠螋亞目
armature	体刺	體刺
arolanna(= arolium)	中垫	中墊
arolella(= arolium)	中垫	中墊
arolia(单 arolium)	中垫	中墊
arolium(复 arolia)	中垫	中墊
arrestant	滞留素	制蟲劑
arrhenotoky	产雄孤雌生殖	產雄單性生殖
Arthropleona	节腹亚目	節腹亞目
Arthropoda	节肢动物门	節肢動物門
articulation	关节	關節
artificial diet	人工饲料	人工飼料
artificial ecosystem	人工生态系统	人工生態系
arylester hydrolase	芳基酯水解酶	芳基酯水解酶
arylphorin	芳基贮存蛋白	芳香基貯存蛋白
Aschiza	无缝组	無縫組
Aschoff's rule	阿索夫规则	阿索夫氏法則
ascovirus	囊泡病毒	子囊病毒
aspidosoma	前背	前背體
aspis	盾	盾
assembling	会集	聚集
assembly pheromone(= aggregation phero-mone)	聚集信息素	聚集費洛蒙
association neuron(= interneuron)	联络神经元(= 中间神经元)	交連神經原
associative learning	联系学习	聯繫學習
Astigmata	无气门目	無氣門亞目
astrotaxis	趋星性	趨星性
asynchronous muscle	异步肌	非同步肌
atavism	返祖[现象]	返祖[性]

英 文 名	大 陆 名	台 灣 名
athermobiosis	低温滞育	低溫滯育
atrophy	萎缩症	萎縮症
atropine sulfate	硫酸阿托品	阿托平
attacin	天蚕抗菌肽	攻擊素
attenuate infection	弱毒感染	弱毒感染
attenuation	减毒作用	減毒作用
attractant	引诱剂	引誘劑
Auchenorrhyncha	头喙亚目	頭喙亞目
augumentation	助增	增補
augumentation release	助增释放	增補釋放
auricula	耳状突	耳狀突
Australian Realm	澳大利亚界(**澳洲区**)	澳洲區
autapomorphy	自有衍征	獨有裔徵
autogeny	自发性生殖	單性生殖
autohemorrhage(= reflex bleeding)	自出血(=反射出血)	自體出血(=反射自動出血)
autolysis	自体分解	自體分解
automictic parthenogenesis	自融孤雌生殖	自融孤雌生殖
automimicry	自拟态	自擬態
autoparasitism	自复寄生	自寄生
autophagocytosis	自噬作用	自噬作用
autotomy(= appendotomy)	自残	自殘
autotroph	自养生物	自營性生物
autotype	图模	圖模
auxiliary character	辅助特征	輔助特徵
auxiliary prostigmal seta	上前气门鬃	上前氣門剛毛
auxiliary stylet	副口针	副口針
auxiliary worker	奴工蚁	奴工蟻
auxotropy	增养作用	增養作用,營養缺陷
avermectins	阿维菌素类杀虫剂	阿維菌類殺蟲劑,阿巴汀類殺蟲劑
aversion learning	厌恶学习	厭惡學習
avoidance strategy	逃避对策(**逃避策略**)	逃避策略
axenic cultivation	无异生培养(**纯净培养**)	無菌培養(**纯净培養**)
axes(单 axis)	生殖棒	生殖棒
axial filament(= axoneme)	轴丝	軸絲
axillaries(= pteralia)	翅关节片	腋骨髁

英　文　名	大　陆　名	台　灣　名
axillary cord	腋索	腋索
axillary region	腋区	腋區
axis（复 axes，=gonoclavi）	生殖棒	生殖棒
axonal projection	轴突投射	軸突投射
axonal transmission	轴突传导	軸突傳遞
axoneme	轴丝	軸絲
azadirachtin	印楝素	印楝素

B

英　文　名	大　陆　名	台　灣　名
babesiasis	巴贝虫病	巴貝蟲病
bacillary paralysis	芽孢杆菌麻痹病	芽孢桿菌麻痹病
Bacillus cercus	蜡状芽孢杆菌	蠟狀芽孢桿菌
Bacillus popilliae	日本金龟甲芽孢杆菌	日本金龜子芽孢桿菌
Bacillus sphaericus	球形芽孢杆菌	球形芽孢桿菌
Bacillus thuringiensis	苏云金杆菌	蘇力菌
bacteremia	菌血病	菌血症
bacteriosis	细菌病	細菌病
baculovirus	杆状病毒	桿狀病毒
Balbiani ring	巴尔比亚尼环	巴爾比亞尼環
basalare	前上侧片	翅基骨片
basal fold	基褶	翅基摺
basal scutellar bristle	小盾基鬃	小楯基剛毛
basantenna（=antacoria）	角基膜	觸角基膜
basement membrane	基膜	基底膜
bases seta	基毛	基毛
basicardo	轴节基片	軸節基片
basiconic sensillum（拉 sensillum basi-conicum）	锥形感器	錐狀感覺器
basicosta	基鳞片	基鳞片,頂鳞片
basifemur	基股节,基腿节	基腿節
basigalea	外颚基叶	外顎基節
basilar sclerite	基骨片	基骨片
basiproboscis	基喙	喙基
basisternum	基腹片	主腹片
basitarsus	基跗节	基跗節
bassianolide Ⅱ	类白僵菌素 Ⅱ	類白僵菌素 Ⅱ

英　文　名	大　陆　名	台　灣　名
Batesian mimicry	贝氏拟态	貝氏擬態
beard	口鬃	髭毛
beauvericin I	白僵菌素 I	白僵菌素 I
bee bread	蜂粮	蜂糧
bee colony	蜂群	蜂群
bee nest	蜂巢	蜂巢
bee space	蜂路	蜂路
bees wax	蜂蜡	蜂蠟
bee venom(=apitoxin)	蜂毒	蜂毒
behavior	行为	行爲
behavioral ecology	行为生态学	行爲生態學
behavioral genetics(=ethogenetics)	行为遗传学	行爲遺傳學
behavioral plasticity	行为可塑性	行爲可塑性
behavior pattern	行为模式	行爲模式
behavior regulator	行为调节剂	行爲調節劑
behavior resistance	行为抗性	行爲抗性
beret	后气门前肋	後氣門前肋
beta lobe	β 叶	β 葉
beta taxonomy	β 分类	β 分類學,比較分類學
Bettlach May disease	彼得拉哈五月病	彼氏五月病
bimolecular rate constant	双分子速率常数	雙分子速率常數
bimorphic character(= two-state charac-ter)	二态性状	二態特徵
bimorphic male	二型雄螨	雄性二型
binominal nomenclature	双名法	雙名法
bioaccumulative coefficient	生物蓄积系数	生物累積係數
bioassay	生物测定	生物檢定
biocenose(=biotic community)	生物群落	生物群集
bioclimatic graph	生物气候图	生物氣候圖
bioclimatic law	生物气候法则	生物氣候律
bioclimatograph(=bioclimatic graph)	生物气候图	生物氣候圖
biocoenosis(=biotic community)	生物群落	生物群集
biocontrol agent	生防作用物	生防防治體
biocybernetics	生物控制论	生物控制論
biodegradability	生物降解性	生物降解性
biodiversity	生物多样性	生物多樣性
biogenic amine system	生物胺系统	生物胺系統
biogeochemical cycle	生物地球化学循环	生物地質化學迴圈

英　文　名	大　陆　名	台　灣　名
biological accumulation	生物积累	生物累積
biological alkylating agent	生物烷化剂	生物性烷化劑
biological assay(=bioassay)	生物测定	生物檢定
biological barrier	生物障碍	生物屏障
biological clock	生物钟	生物鐘
biological concentration	生物浓缩	生物濃縮
biological control	生物防治	生物防治
biological control of insect pests	害虫生物防治	害蟲生物防治
biological form	生物型	生物型
biological isolation	生物隔离	生物隔離
biological magnification	生物放大	生物擴大作用
biological retrogression	生物衰退	生物衰退
biological species	生物种	生物種
bioluminescence	生物发光	生物發光
biome	生物群区	生物群系
biometrics	生物统计学	生物統計學
biometry(=biometrics)	生物统计学	生物統計學
biophage	活食者	活食者
biordinal crochets	双序趾钩	雙序趾鉤
biosphere	生物圈	生物圈
biosystem	生物系统	生物系統
biota	生物相	生物相
biotic community	生物群落	生物群集
biotic component(=biotic factor)	生物成分(=生物因子)	生物成份(=生物因素)
biotic factor	生物因子	生物因素
biotic insecticide	生物杀虫剂	生物殺蟲劑
biotic potential	生物潜力	生物潛能
biotype(=biological form)	生物型	生物型
biting mouthparts(=chewing mouthparts)	咀嚼式口器	咀嚼式口器
biting-sucking mouthparts	嚼吸式口器	嚼吸式口器
bivoltine	二化性	二化性
bivouac	临时驻栖(露营)	野营(露營)
blastokinesis	胚动	胚動
Blattodea	蜚蠊目	蜚蠊目
blood gill	血鳃	血鰓
blue disease	蓝色病	藍色病
body pore	体孔	體孔
bombycic acid	蚕蛾酸	蠶蛾酸

英 文 名	大 陆 名	台 湾 名
bombykol	蚕蛾性诱醇	家蠶醇
bombyxin	家蚕肽	家蠶肽
bothridia（单 bothridium）	感器窝,盅毛窝	盅毛窝
bothridium（复 bothridia）	感器窝,盅毛窝	盅毛窝
brachial cell	臂室	上膊翅室
brachyblastic germ band	短胚带	短胚帶
Brachycera	短角亚目	短角亞目
brachyosis	缩短病	短縮病
brain hormone（=prothoracicotropic hormone）	脑激素（=促前胸腺激素）	
bristle	鬃	剛毛
bromatia	蚁菌瘤	蟻菌瘤
brood cannibalism	同窝相残	同窩相殘
brood care（=parental care）	亲代照料	親代照料
brooming	丛缩病,丛枝病	叢縮病
brucellosis	布鲁菌病	布魯氏桿菌病
bucca（=gena）	颊	頰
buccal cavity	口腔	口腔
buccal dilation	颊隆面	頰隆面
buccula（复 bucculae）	小颊	小頰
bucculae（单 buccula）	小颊	小頰
bulbus ejaculatorius（拉，=ejaculatory bulb）	射精管球	射精管球體
bursa copulatrix（拉，=copulatory pouch）	交配囊	交尾囊
bursicon	鞣化激素	鞣化激素

C

英 文 名	大 陆 名	台 湾 名
Caelifera	蝗亚目	直翅亞目
calli（单 callus）	胝	小瘤（胝）
calling	召唤	召唤
calliphorin	丽蝇蛋白	麗蠅蛋白
callus（复 calli）	胝	小瘤（胝）
callus cerci	臀胝	臀胝
calobiosis	同栖共生	同棲共生
calyces（单 calyx）	蕈体冠	輸卵管萼
calyciform cell	杯形细胞	杯狀細胞

英　文　名	大　陆　名	台　灣　名
calypter	腋瓣	冠瓣
Calyptratae	有瓣类	有瓣類
calyx(复 calyces)	覃体冠	輸卵管萼
camerostoma	头窝,颚基窝	頭窩
camouflage	伪装	僞裝
campaniform sensillum(拉 sensillum campaniformium)	钟形感器	鍾形感覺器
cannibalism	同类相残	同類相殘
cantharidin	斑蝥素	莞菁素,斑蝥素
capitular apodeme	颚内突	颚内突
capitular bay	颚[基]湾	颚[基]灣
capitular sternum	顶胸,颚床	颚[基]板
capsid	壳体,衣壳	蛋白鞘
capsomere	壳粒	殼粒
capsule(=granule)	荚膜(=颗粒体)	
carbamate insecticides	氨基甲酸酯类杀虫剂	氨基甲酸酯殺蟲劑
carbamatic hydrolase	氨基甲酸酯水解酶	氨基甲酸酯水解酶
carbamylation constant	氨基甲酰化常数	氨基甲醯化常數
carbon flow	碳流	碳流
carboxylamide hydrolase	羰基酰胺水解酶	羰基醯胺水解酶
carboxylesterase	羧酸酯酶	羧酸酯酶
carboxylic ester hydrolase	羧酸酯水解酶	羧酸酯水解酶
carcinogenic toxicity	致癌毒性	致癌毒性
cardiac valve(=oesophageal valve)	贲门瓣(=食道瓣)	賁門瓣
cardines (单 cardo)	轴节	軸節
cardiocoelom(=pericardial sinus)	围心腔(=围心窦)	
cardo(复 cardines)	轴节	軸節
carnivore	食肉类	食肉類
carnivorous plant(=insectivorous plant)	食虫植物(**食肉植物**)	食肉植物,食蟲植物
carpophage	食果类	食果類
carrier state	带毒状态,载体状态	帶原狀態
cascade model	级联模型	級聯模型
castes	社会等级	社會等級
catalepsy	僵住状	僵住狀
catastrophe	灾变	災變
catastrophic speciation	灾害生物种形成	災害物種分化
catatrepsis	胚体下降	胚體下降
catch(=tenaculum)	握弹器	攫握器

英　文　名	大　陆　名	台　灣　名
category	分类阶元	分類階元
caterpillar	蠋	毛蟲
cauda	尾臀	尾臀
caudal appendage	尾突	尾突
caudal filament	中尾丝	中尾毛
caudal gill	尾鳃	尾鰓
caudal leg	臀足	臀肢
caudal membrane	尾臀膜	尾臀膜
caudal plate	尾板	尾板
caudal process(=caudal appendage)	尾突	尾突
caudal proleg(=caudal leg)	臀足	臀肢
caudal protrusion(=caudal appendage)	尾突	尾突
caudal seta(=telosomal seta)	尾毛	尾毛
caudal sympathetic nervous system	尾交感神经系统	尾交感神經系
cave entomology	洞穴昆虫学	洞穴昆蟲學
cecidium(=gall)	虫瘿	蟲癭
cecropin	天蚕素	柞蠶素
cell	翅室	翅室,小翅室
cell clone	细胞纯系	細胞株系(細胞純系)
cell line	细胞系	細胞株(細胞系)
cell strain	细胞株	細胞品系(細胞株)
cement layer(=tectocuticle)	盖表皮	凝固層
central body	中央体	中心體
central seta	中毛	中毛
centriole adjunct	中心粒旁体	中心體附屬物
centrolecithal egg	中黄卵	中卵黃
cephaliger	负头突	護頭片(負頭突)
cephalothorax	头胸部	頭胸部
cerci(单 cercus)	尾须	尾毛
cercobranchiate(=caudal gill)	尾鳃	尾鰓
cercus(复 cerci)	尾须	尾毛
cerebrum	脑	腦
cerotegument	蜡被	蠟被
cervacoria(=cervical membrane)	颈膜	頸膜
cervical groove	颈沟	頸溝
cervicalia jugular sclerites(=cervical sclerites)	颈片	頸骨片
cervical membrane	颈膜	頸膜

英　文　名	大　陆　名	台　灣　名
cervical sclerites	颈片	頸骨片
cervicum	颈部	頸部
cervix(=cervicum)	颈部	頸部
chaetosema	毛隆	毛隆體
chaetotaxy	毛序	毛序
Chalastrogastra(= Symphyta)	广腰亚目	廣腰亞目
chalk brood	幼虫白垩病	幼蟲白堊病
chaperon(=clypeus)	唇基	唇基片,頭楯(**唇基**)
character	性状,特征	性狀,特徵
character displacement	特征替代	性狀置換
character polarization	性状极化	特徵極性
ψChE(=pseudocholine esterase)	拟胆碱酯酶	擬膽鹼酯酶
cheek	①侧颜(=parafacialia) ②颊叶	頰
cheeks(=gena)	颊	頰
chela	螯钳	螯鉗
chelicera(复 chelicerae)	螯肢	螯肢,鋏角
chelicerae(单 chelicera)	螯肢	螯肢,鋏角
cheliceral base	螯基	螯基
cheliceral brush	螯刷	螯刷,鋏角鬚
cheliceral digit	螯趾	螯趾
cheliceral guides	螯导体	螯導體
cheliceral seta	螯肢毛	螯肢毛
cheliceral sheath	螯鞘	螯鞘
chelobase(=cheliceral base)	螯基	螯基
chemical communication	化学通讯	化學通訊
chemically defined diet	化学规定饲料,全纯饲料	化學規定飼料
chemiluminescence	化学发光	化學發光
chemoreception	化学感觉	化學感覺
chemosensory seta	化感毛	化感毛
chemosterilant	化学不育剂	化學不孕劑
chemotaxis	趋化性	趨化性
chemotaxonomy	化学分类学	化學分類學
cherry mottle leaf	樱桃斑驳叶病	櫻桃斑駁葉病,櫻桃葉斑駁病
chewing-lapping mouthparts	咀吮式口器	咀舐式口器
chewing mouthparts	咀嚼式口器	咀嚼式口器

英　文　名	大　陆　名	台　灣　名
cheyletid mite	肉食螨	肉食蟎
chigger-borne rickettsiosis	恙螨[立克次体]热	恙蟎[立克次體]熱
chigger mite	恙螨	恙蟎
chitin	几丁质	幾丁質
chitinase	几丁质酶	幾丁質酶
chitin synthetase	几丁质合成酶	幾丁質合成酶
chitin-synthetase inhibitor	几丁质合成酶抑制剂	幾丁質合成酶抑制劑
chitobiose	几丁二糖	幾丁二糖
choice behavior	选择行为	選擇行爲
cholinergic synapse	胆碱能突触	膽鹼性突觸
cholinergic system	胆碱能系统	膽鹼性傳遞系統
chorda	索	索脈
chordotonal sensillum	弦音感器	弦音感覺器
choriogenesis	卵壳发生	卵殼發生
chorion	卵壳	卵殼
chorionin	卵壳蛋白	卵殼蛋白
chorion protein(=chorionin)	卵壳蛋白	卵殼蛋白
chorology	生物分布学	生物分佈學
chorusing	齐鸣	齊鳴
chromasome	眼色素小体	眼色素小體
chromatography	层析法	層析法
chromosome puff	染色体疏松团	染色體疏鬆團
chronic paralysis	慢性麻痹病	慢性麻痹病
chrymosymphily	喜蠋性	喜蠋性
chrysopterin	金蝶呤	金蝶呤
cibarial chamber(=cibarium)	食窦,食室	食腔,食室(**食竇**)
cibarium	食窦,食室	食腔,食室(**食竇**)
Cicadomorpha	蝉亚目	蟬亞目
cilia	纤毛	纖毛,軟毛
Cimicomorpha	臭虫次目	臭蟲部
cinnabarinic acid	朱砂精酸	朱砂精酸
circadian rhythm	昼夜节律	日律動
circle crochets	环式趾钩	環列趾鉤
circumanal ring	肛环	肛環
circumcapitular furrow	围颚沟	圍頸縫,圍頭縫
circumgastric suture	围腹缝(**围背甲缝**)	圍背甲縫
circumoesophageal commissure(=oesoph-ageal commissure)	围咽神经连索(=食道神经连索)	胃下神經索(=食道神經鏈)

英 文 名	大 陆 名	台 灣 名
cladistic classification	支序分类	支序分類
cladistics	支序分类学	支序學
cladogenesis	分支发生	分支發生,分支進化
cladogram	支序图	支序圖
cladon	分支单元	分支單元
Claparede's organ	克氏器	克氏器
clasp(=tenaculum)	握弹器	攫握器
clasper	抱握器	攫握器
clasping	抱握	抱握
clasping leg	抱握足	抱握足
class	纲	綱
classical biological control	传统生物防治	傳統生物防治
classification	分类	分類
clava	棒节	棍棒節
claval commissure	爪片结合线	爪片結合線
claval suture	爪片缝	膨起皺
clavi(单 clavus)	爪片	爪片,指狀突
Clavicornia	锤角组	棍角類
clavus (复 clavi)	爪片	爪片,指狀突
claw	爪	爪
claw fossa(=fossa)	爪窝	爪窩
cleavage center	卵裂中心	卵裂中心
cleft	裂缝	裂縫,裂溝
cleptobiosis	盗食共生	盜食共生
cleptoparasitism	盗食寄生	盜食寄生
climax	顶极群落	極峰相
Clistogastra(= Apocrita)	细腰亚目	細腰亞目
closed cell	闭室	閉室
club	①球杆部 ②棒节 　　（ =clava)	①棍棒部(球桿部) 　②棍棒節(=clava)
clunal seta	臀毛	臀毛
clypeus	唇基	唇基片,頭楯(唇基)
coaction	协同活动	聯合作用
co-adaptation	协同适应	協同適應
coagulocyte	包囊细胞	凝血細胞
coarctate pupa(=puparium)	围蛹	蛹殼,圍蛹
Coccinea	蚧亚目	蚧亞目
coccinellin	瓢虫生物碱	瓢蟲生物鹼

英　文　名	大　陆　名	台　湾　名
Coccomorpha（＝Coccinea）	蚧亚目	蚧亞目
cocoonase	茧酶	繭酶
codlemone	苹果小卷蛾性诱剂	蘋果小卷蛾性誘劑
coeloconic sensillum（拉 sensillum coelo-conicum）	腔锥感器	腔狀感覺器
coenospecies	共态种	共態種
coevolution	协同进化	協同進化,共進化
coexistence	共存	共存
cold hardiness	耐寒性	耐寒性
cold resistance（＝cold hardiness）	耐寒性	耐寒性
cold tolerance（＝cold hardiness）	耐寒性	耐寒性
Coleoptera	鞘翅目	鞘翅目
Coleorrhyncha	鞘喙亚目	鞘喙亞目
Collembola	弹尾目	彈尾目
collophore	黏管	黏管
collum of rutellum	助螯器颈	助螯器頸
colonization	群集现象	群集現象
comb	蜂房	蜂巢
commensalism	偏利共生	片利共生
common name	俗名	俗名
communal species	群居种类（**群居种**）	群居物種（**群居種**）
community succession	群落演替	群落演替
compensation	补偿	補償
competition	竞争	競爭
complementary reproductive type	补充生殖型	候補生殖型
complete metamorphosis	全变态	完全變態
complex ecosystem	复合生态系统	複合生態系
complicating disease	并发症	並發症
compound eye	复眼	複眼
compound nest	复巢	複巢
concentric ring blotch of citrus	柑橘同心环纹枯病	柑橘同心環紋枯病
condyle	①髁突（**骨突**）②髁	①骨突 ②髁
condyli（单 condylus）	髁突（**骨突**）	骨突
condylus（复 condyli，＝condyle）	髁突（**骨突**）	骨突
conea	晶突	晶突
congeneric species	同属种	同屬種
conical spur	锥形距	錐形距
conjugation	轭合作用	共軛作用

英 文 名	大 陆 名	台 灣 名
conjunctivae（单 conjunctivum）	节间膜	節間膜
conjunctivum（复 conjunctivae，＝inter- segmental membrane）	节间膜	節間膜
connexivum	侧接缘	結合板,背腹接緣突
conservation	保育	保育
constitutive character	体质特征	體質特徵
consumer	消费者	消耗者
contest competition	争夺性竞争	比賽型競爭
controlled release formulation	缓释剂	緩釋劑
convergence	趋同性	趨同
convergent evolution	趋同进化	趨同進化
coordinated taxis	协调趋性	協調趨性
Copeognatha（＝Psocoptera）	啮虫目	嚙蟲目
coprophagous mites	粪食[性]螨类	糞食[性]螨類
coprophagy	食粪性	食糞性
copulation	交尾	交尾
copulatory organ	交尾器	交尾器
copulatory pouch	交配囊	交尾囊
corbicula（复 corbiculae，＝pollen basket）	花粉篮	花粉筐
corbiculae（单 corbicula）	花粉篮	花粉筐
corbiculate leg	携粉足	攜粉足
cordycepin	虫草菌素	蟲草菌素
core	髓核	核軸
corium	革片	革片
cornea pseudopupil	角膜伪瞳孔	角膜偽瞳孔
corneus point	明斑	明斑
cornicles	腹管	腹管
corniculi（单 corniculus）	①腹管 ②颚角	①腹管 ②颚角
corniculus（复 corniculi）	①腹管（＝cornicles）② 　颚角	①腹管（＝cornicles）② 　颚角
cornu（复 cornua）	基突	基突
cornua（单 cornu）	基突	基突
cornuti	阳茎针	陰莖針
corona	齿冠	刺冠
coronal suture	冠缝	頭縫幹
corpora allata（单 corpus allatum）	咽侧体	咽喉側腺
corpora pedunculatum（拉，＝mushroom body）	蕈状体	蕈形體

英 文 名	大 陆 名	台 灣 名
corpus allatum（复 corpora allata）	咽侧体	咽喉侧腺
corpus cardiacum（拉 corpus paracardia-cum）	心侧体	心臟內泌體
corpus centrale（拉，＝central body）	中央体	中心體
corpus paracardiacum（拉，＝corpus car-diacum）	心侧体	心臟內泌體
corridor	廊道	廊道
Corrodentia（＝Psocoptera）	啮虫目	嚙蟲目
costa（复 costae）	①前缘脉 ②抱器背 ③背脊	①前緣脈 ②抱器背 ③背脊
costae（单 costa）	①前缘脉 ②抱器背 ③背脊	①前緣脈 ②抱器背 ③背脊
costal fracture（＝cuneal suture）	楔片缝	楔片縫
costal margin	［翅］前缘	前緣
costal spine	前缘刺	翅刺
costula（复 costulae）	分脊	分脊
costulae（单 costula）	分脊	分脊
co-toxicity coefficient	共毒系数	共毒係數
cotype（＝syntype）	全模（**同模**）	同模,協模
coumarin	香豆素	香豆素
counter shading	隐影	隱影
courtship	求偶	求偶
courtship display	示爱	示愛行爲
courtship feeding	婚食	婚食
courtship song	求偶声	求偶聲
coxa（复 coxae）	基节	基節
coxacoila（＝coxal process）	基节突	基節突
coxae（单 coxa）	基节	基節
coxal cavity	基节窝	基節窩
coxal fluid	基节液	基節液
coxal fold	基节褶	基節褶
coxal gland	基节腺	基節腺
coxal group	基节板群	基節板群
coxal plate（＝epimeral plate）	基节板	基節板
coxal process	基节突	基節突
coxal seta（＝coxisternal seta）	基节毛	基節毛
coxasuture	基节缝	基節縫
coxisternal plate	基胸板	基胸板

英　文　名	大　陆　名	台　灣　名
coxisternal seta	①基胸毛　②基节毛	①基胸毛　②基節毛
coxite	基肢片	腹足基片
coxola	基側片	基側片
coxopleurite（＝eutrochantin）	基側片	真轉節區,基側片
coxopodite	基肢节	肢基節
coxosternite（＝coxite）	基肢片	腹足基片
CPV（＝cytoplasmic polyhedrosis virus）	质型多角体病毒	胞質多角體病毒
crag（＝cervicum）	颈部	頸部
cremaster	臀棘	尾刺
cribrum	棘区	棘區
Crimean-Congo haemorrhagic fever	克里木–刚果出血热, 蜱媒出血热	克裏木–剛果出血熱
crista	脊	冠片
crista acoustica（拉）	听脊	聽脊
crista metopica	冠脊	冠脊
critical photoperiod	临界光周期	臨界光週期
critical temperature	临界温度	臨界溫度
crochet	趾钩	趾鉤
crop	嗉囊	嗉囊
cross infection	交叉感染	交叉感染
cross resistance	交互抗性	交互抗性
cross transmission（＝cross infection）	交叉感染	交叉感染
crossvein	横脉	橫脈
cruciate bristle	下颜鬃	交叉剛毛
crypsis	隐态	隱態
cryptic species	隐存种	隱蔽種
cryptobiosis	隐生状态	隱生狀態
cryptocephalic pupa	隐头蛹	隱頭蛹
Cryptocerata	隐角类	隱角椿亞目
Cryptogastra	隐腹类	隱腹類
cryptogyne	隐母	隱母
cryptonephridial tube	隐肾管	隱腎管
crystalline cone	晶锥	圓晶錐體
crystal protein gene	晶体蛋白基因	晶體蛋白基因
ctenidia（单 ctenidium）	栉	櫛齒
ctenidium（复 ctenidia）	栉	櫛齒
cubitus	肘脉	肘脈
cucullus	抱器端	環狀鉤

英 文 名	大 陆 名	台 湾 名
cuelure	瓜实蝇性诱剂	瓜實蠅性誘劑
cuilleron(＝alula)	翅瓣	小翅
cultural entomology	文化昆虫学	文化昆蟲學
cuneal suture	楔片缝	楔片縫
cunei(单 cuneus)	楔片	楔狀部
cuneus(复 cunei)	楔片	楔狀部
cupule	杯形器	杯形器
cuspides (单 cuspis)	尖突	尖突
cuspis(复 cuspides)	尖突	尖突
cuticle(拉 cuticula)	表皮	表皮
cuticula (拉,＝cuticle)	表皮	表皮
cuticulin	表皮质	角質素
cyasterone	川膝蜕皮酮	川膝蛻皮酮
cybisterone	龙虱甾酮	龍蝨固酮
cycasterone	苏铁蜕皮酮	蘇鐵蛻皮酮
cycle of materials	物质循环	物質迴圈
cycle of nutritive materials	营养物质循环	營養物質迴圈
cyclic parthenogenesis	周期性孤雌生殖	週期性孤雌生殖
cyclodiene insecticide	环戊二烯杀虫剂	環二烯殺蟲劑
cyclops	并眼症	獨眼病
Cyclorrhapha	环裂亚目	環裂亞目
cystocyte(＝coagulocyte)	包囊细胞	凝血細胞
cytochrome b5	细胞色素 b5	細胞色素 b5
cytochrome b5 reductase	细胞色素 b5 还原酶	細胞色素 b5 還原酶
cytochrome P450	细胞色素 P450	細胞色素 P450
cytochrome P450 gene	细胞色素 P450 基因	細胞色素 P450 基因
cytochrome P450 reductase	细胞色素 P450 还原酶	細胞色素 P450 還原酶
cytogenetic toxicity	细胞遗传毒性	細胞遺傳性毒
cytoplasmic polyhedrosis	质型多角体病	胞質多角體病
cytoplasmic polyhedrosis virus(CPV)	质型多角体病毒	胞質多角體病毒
cytotaxonomy	细胞分类学	細胞分類學

D

英 文 名	大 陆 名	台 湾 名
Dacnonycha	毛顶蛾亚目	毛頂蛾亞目
damaged ecosystem	受害生态系统	受害生態系
dark adaptation	暗适应	暗適應

英　文　名	大　陆　名	台　湾　名
DDT	滴滴涕	滴滴涕
DDT-dehydrochlorinase	滴滴涕脱氯化氢酶	滴滴涕脱氯化氢酶
decarbamylation constant	去氨基甲酰化常数	去氨基甲醯化常數
decomposer	分解者	分解者
deep pseudopupil	深伪瞳孔	深僞瞳孔
defensin	抵御素	防禦素
defoliating insect	食叶昆虫	食葉蟲
degeneration	退化	退化
degradation	恶化(**降解**)	降解
degree-day	日·度	日度
delayed neurotoxicity	迟发性神经毒性	遲發性神經毒性
demodicid mite	蠕形螨	蠕形蟎
demodicidosis	蠕形螨病,蠕螨症	蠕形蟎病
demography	种群统计	族群統計
dendrolasin	若保幼激素	類青春激素
dens(复 dentes)	叉节	叉節
density dependence	密度制约	密度依變
density independence	非密度制约	非密度依變
densonucleosis	浓核症	濃核症
densonucleosis virus	浓核病毒	濃核病毒
densovirus(＝densonucleosis virus)	浓核病毒	濃核病毒
dentes(单 dens)	叉节	叉節
dentition formula	齿式	齒式
dents of proboscis	喙齿	喙齒
dephosphorylation constant	去磷酰化常数	去磷醯化常數
dermal gland	皮腺	皮腺
dermal toxicity	表皮毒性	表皮性毒
Dermanyssina	皮刺螨亚目	皮刺蟎亞目
Dermaptera	革翅目	革翅目
dermatophagoid mite(＝dust mite)	尘螨	塵蟎
dermomyositis	表皮坏死症	皮黴菌病
desert ecosystem	荒漠生态系统	沙漠生態系
desiccation protein	干燥蛋白	乾燥蛋白
desmergate	工兵蚁	工兵蟻
destruxins	绿僵菌素	綠僵菌素
detection for resistance	抗药性检测	抗藥性檢定
deterioration	变质	變性傷害
deterrent	阻碍素	干擾素

英　文　名	大　陆　名	台　灣　名
detoxification	解毒作用	解毒作用
detritivore	屑食类	屑食類
deuterogyny	冬雌	冬雌,次雌體
deuterotoky(=anthogenesis)	产雌雄孤雌生殖	産雌雄單性生殖
deutocerebral commissure	中脑连索	後腦神經鎖
deutocerebrum	中脑	後大腦
deutochrysalis	第二蛹,后蛹	第二蛹
deutogyne(=deuterogyny)	冬雌	冬雌,次雌體
deutonymph	第二若螨,后若螨	第二若螨,次若螨
deutosternum	第二胸板	第二胸板
deutovarial membrane	次卵膜	次卵膜
deutovum	次卵,幼虫前期	前幼螨
developmental membrane(=envelope)	发育膜(=囊膜)	被膜
development zero(=threshold of develo-pment)	发育起点温度	發育臨界溫度
DFPase(=diisoproyl flurophosphatase)	二异丙基氟磷酸酯酶	二異丙基氟磷酸酯酶
DH(=diapause hormone)	滞育激素	滯育激素
diagastric type	横腹型	横腹型
diagnosis	诊断	診斷
diapause	滞育	滯育
diapause hormone(DH)	滞育激素	滯育激素
diapause protein	滞育蛋白	滯育蛋白
Dicellurata	钳亚目	鉗尾亞目
dichoid	分缝型	分縫型
dichoptic type	离眼式	離眼式
Dictyoptera	网翅目	網翅目
diel periodicity(=circadian rhythm)	昼夜节律	日律動
diet width	食谱宽度	食譜寬度
differentiation center	分化中心	分化中心
digit	趾	趾
digiti(单 digitus)	趾	趾
digitus	①趾(复 digiti, =dig-it) ②抱器指突	①趾(复 digiti, =dig-it) ②指狀構造
digitus fixus(=fixed chela)	定趾	定趾
digitus mobilis(=movable digit)	动趾	動趾
digoneutism(=bivoltine)	二化性	二化性
diisoproyl flurophosphatase(DFPase)	二异丙基氟磷酸酯酶	二異丙基氟磷酸酯酶
dimorphism	二型现象	二態性,二型性

英 文 名	大 陆 名	台 湾 名
dinergate	兵蚁	兵蟻
dinergatogyne	兵工蚁	兵工蟻
dinergatogynomorph	工雌蚁	工雌蟻
Diplura	双尾目	雙尾目
Dipsocoromorpha	鞭蝽次目	鞭角椿象部
Diptera	双翅目	雙翅目
diptercin	蝇抗菌肽	雙翅素
directional hearing	方向听觉	方向聽覺
directionally selective neuron	方向选择神经元	方向選擇神經原
direct metamorphosis	直接变态	直接變態
disc	盘窝	盤窩
discal scutellar bristle	小盾心鬃	小楯背剛毛
discidium	分突	分突
discoidal cell	中室	中室
discontinuous respiration	不连续呼吸	不連續呼吸
discrete time model	离散时间模型	離散時間模型
discriminating dose	区分剂量	鑒別劑量
disjugal suture	后侧缝	後側縫
disparlure	舞毒蛾性诱剂	舞毒蛾性誘劑
dispenser	散发器	散發器
dispersal(= dispersion)	扩散	分散
dispersal pheromone	迁散信息素	遷散費洛蒙
dispersion	扩散	分散
disruptive coloration	混隐色	混隱色
dissipation structure	耗散结构	耗散結構
dissociation constant	解离常数	解離常數
distiproboscis	端喙	喙端
Ditrysia	双孔亚目	雙孔亞目
ditrysian type	双孔式	雙孔式
diuresis	多尿	多尿,利尿
diuretic hormone(= diuretic peptide)	利尿激素(= 利尿肽)	利尿激素
diuretic peptide	利尿肽	
diurnal rhythm(= circadian rhythm)	昼夜节律	日律動
divergence	趋异性	趨異
divergent evolution	趋异进化	趨異進化,分歧進化
diversity	多样性	多樣性,歧異性
α-diversity	α 多样性	α 多樣性
β-diversity	β 多样性	β 多樣性

英 文 名	大 陆 名	台 灣 名
γ-diversity	γ 多样性	γ 多樣性
diversity index	多样性指数	歧異度指數,多樣性指數
diverticulum	盲管	盲束
Division Archoribatida	原甲螨部	原甲螨組
Division Euoribatida	真甲螨部	真甲螨組
domestication	人工驯化	人工馴化
dominance	优势度	優勢
dominant species	优势种	優勢種
DOPA	多巴	多巴
dopadecarboxylase	多巴脱羧酶	多巴脱羧酶
dopamine	多巴胺	多巴胺
dopa-oxidase	多巴氧化酶	多巴氧化酶
dopase(=dopa-oxidase)	多巴氧化酶	多巴氧化酶
dormancy	休眠,蜇伏	休眠
dorsal blood vessel	背血管	背管
dorsal diaphragm	背膈	背膈膜
dorsal furrow	背缝	背縫
dorsal hump	背瘤突	背瘤突
dorsalia	小背片	小背片
dorsal lobes	肤纹突	背葉
dorsal lyrifissure	背隙状器	背隙狀器
dorsal muscle(拉 musculus doralis)	背肌	背肌
dorsal organ	背器[官]	背器
dorsal plate	背板	背板
dorsal platelet(=dorsalia)	小背片	小背片
dorsal pore	背孔	背孔
dorsal process	背突	背突
dorsal prolongation(=dorsal process)	背突	背突
dorsal propodosomal seta	前足体背毛	前足體背毛
dorsal ridge(=costa)	背脊	背脊
dorsal sensillum	背感器	背感器
dorsal seta	背毛	背毛,背剛毛
dorsal setation formula	背毛式	背毛式
dorsal shield(=dorsal plate)	背板	背板
dorsal sinus(=pericardial sinus)	背窦(=围心窦)	
dorsal tibial seta	胫背毛	脛背毛
dorsal trachea	背气管	背氣管

英　文　名	大　陆　名	台　灣　名
dorsal tracheal commissure	背气管连索	背氣管連鎖
dorsal tracheal trunk	背气管干	背氣管幹
dorsal tubercle	背瘤	背瘤
dorsal vessel (=dorsal blood vessel)	背血管	背管
dorsocentral bristle	背中鬃	背中剛毛
dorsocentral furrow	背中槽	背中槽
dorsocentral hysterosomal seta	后半体背中毛	後半體背中毛
dorsocentralia	背中片	背中片
dorsocentral ridge	背中脊	背中脊
dorsoglandularia	背腺毛	背腺毛
dorsolateral hysterosomal seta	后半体背侧毛	後半體背側毛
dorsolateralia	背侧片	背側片
dorsomeson	背中线	背中線
dorsopleural line	背侧线	背側線
dorsoscutellar bristle(=discal scutellar bristle)	小盾心鬃	小楯背剛毛
dorsosejugal enantiophysis	背颈沟突	背頸溝突
dorsosejugal suture	背颈缝	背頸縫
dorsosublateral hysterosomal seta	后半体亚背侧毛	後半體亞背側毛
dorsovalvula(复 dorsovalvulae)	背产卵瓣	背產卵瓣
dorsovalvulae(单 dorsovalvula)	背产卵瓣	背產卵瓣
dorso-ventral groove	背腹沟	背腹溝
dorylaner	矛形雄蚁	矛形雄蟻
dosage-mortality curve	剂量–死亡率曲线	劑量/死亡率曲線
dosage-response relationship	剂量与反应关系	劑量與反應相關性
double infection	双重感染	雙重感染
double sampling	双重抽样法	雙重取樣法
dromyosuppresin	果蝇抑肌肽	果蠅抑肌肽
drone	雄蜂	雄蜂
drosopterin	果蝇蝶呤	果蠅蝶呤
drosulfakinin	果蝇硫激肽	果蠅硫激肽
drumming reaction	敲击反应	敲擊反應
ductus bursae（拉）	囊导管	交尾囊管
ductus ejaculatorius（拉，=ejaculatory duct）	射精管	射精管
ductus seminalis（拉，=afferent duct）	导精管	導精管
Dufour's gland	杜氏腺	杜福氏腺
dulosis	奴役[现象]	奴役[現象]

英 文 名	大 陆 名	台 灣 名
Duplaglossa	双舌类	雙舌類
duplex setae	双毛	伴生毛
dust mite	尘螨	塵蟎
Dyar's rule	戴氏定律	達雅定律
dynamic life table	动态生命表	動態生命表
dysentery	腹泻病	痢疾

E

英 文 名	大 陆 名	台 灣 名
EAG(=electroantennogram)	触角电位图	觸角電圖
eathered seta(=pectinate seta)	栉毛,梳毛	櫛毛,梳毛
EC_{50}(=median effective concentration)	有效中浓度	有效中濃度
ecdysial fluid	蜕皮液	蜕皮液
ecdysial line	蜕裂线,头盖缝	頭縫
ecdysis(=moult)	蜕皮	蜕皮
ecdysis triggering hormone(ETH)	蜕皮引发激素	蜕皮誘發激素
ecdysone	蜕皮素	
α-ecdysone(=ecdysone)	α 蜕皮素(=蜕皮素)	α 蜕皮素
β-ecdysone(=ecdysterone)	β 蜕皮素(=蜕皮甾酮)	β 蜕皮素
ecdysteroids	蜕皮甾类	類蜕皮素
ecdysterone	蜕皮甾酮	
eclectic taxonomy	折衷分类学	摺衷分類學
eclipse period	隐蔽期	隱蔽期
eclosion	①孵化(=hatching) ②羽化(=emergence)	①孵化,蜕殼(=hatching) ②羽化(=emergence)
eclosion clock	蜕壳时钟,羽化时钟	羽化時鐘
eclosion hormone(EH)	蜕壳激素,羽化激素	羽化激素
eclosion rhythm	蜕壳节律	羽化節律
ecocline	生态梯度(**生态渐变型**)	生態差型(**生態漸變型**)
ECOD(=ethoxylcumarin O-deethylase)	乙氧香豆素 O-去乙基酶	乙氧香豆素 O-去色基酶
ecogenesis	生态发生	生態發生
ecological adaptation	生态适应	生態適應
ecological amplitude	生态幅度	生態幅度

英　文　名	大　陆　名	台　灣　名
ecological crisis	生态危机	生態危機
ecological distribution	生态分布	生態分佈
ecological dominance	生态优势	生態優勢
ecological efficiency	生态效率	生態效率
ecological energetics	生态能量学	生態能量學
ecological engineering	生态工程	生態工程
ecological equilibrium	生态平衡	生態平衡
ecological isolation	生态隔离	生態隔離
ecological management	生态治理	生態管理
ecological niche	生态位	生態席位
ecological pyramid	生态锥体	生態錐體
ecological race	生态宗	生態品種(**生態宗**)
ecological selectivity	生态选择性	生態選擇性
ecological strategy	生态对策	生態策略
ecological subspecies	生态亚种	生態亞種
ecological succession	生态演替	生態演替
ecological threshold	生态阈值	生態限界
ecological value	生态价	生態價
ecomone	生态信息素	生態費洛蒙
economic ecosystem	经济生态系统	經濟生態系
economic entomology(= applied entomology)	经济昆虫学(=应用昆虫学)	經濟昆蟲學(=應用昆蟲學)
economic threshold	经济阈值	經濟閾值,經濟限界
ecophene	生态表型	生態變型反應(**生態表型**)
ecophenotypic variation	生态表型变异	生態表型變異
ecospecies	生态种	生態種
ecosphere	生态圈	生態圈
ecosystem	生态系统	生態系
ecosystem management	生态系统管理	生態系統管理
ecotone	群落交错区	群落交會帶
ecotoxicology	生态毒理学	生態毒理學
ecotype	生态型	生態型
ectohormone	外激素	外激素
ectoparasite	外寄生物	外寄生者
ectoparasitic mites	外寄生螨类	外寄生蟎類
ectoparasitism	外寄生	外寄生
ectospermatophore	精包膜,外精包	外精包

英　文　名	大　陆　名	台　灣　名
ectosymbiosis	外共生	外共生
ED_{50}（=medium effective dose）	有效中量	有效中量
edaphic factor	土壤因子	土壤因數
edge effect	边缘效应	邊緣效應
EDNH（=egg development neurosecretory hormone）	卵发育神经激素	卵發育神經分泌激素
efferent neuron	传出神经元	離心神經原
efficiency of food conversion	食物转化效率	食物轉化效率
efficiency of food digestion	食物消化效率	食物消化效率
egg	卵	卵
egg calyx	输卵管萼	卵萼
egg cap	卵盖	卵蓋
egg chamber	卵室	卵室
egg development neurosecretory hormone （EDNH）	卵发育神经激素	卵發育神經分泌激素
egg-guide	导卵器	導卵器
egg-specific protein	卵特异蛋白	卵特異蛋白
EH（=eclosion hormone）	蜕壳激素，羽化激素	羽化激素
ejaculatory bulb（拉 bulbus ejaculatorius）	射精管球	射精管球體
ejaculatory duct（拉 ductus ejaculatorius）	射精管	射精管
ejaculatory pump（=sperm pump）	射精泵（=精泵）	射精泵（=精子泵）
electroantennogram（EAG）	触角电位图	觸角電圖
electroretinogram	视网膜电位图	視網膜電圖
elytra（单 elytron）	鞘翅	鞘翅
elytral flange	鞘翅缘突	鞘翅緣突
elytron（复 elytra）	鞘翅	鞘翅
emargination	缘凹	緣凹
Embioptera	纺足目	紡足目
embolium	缘片	楔片，緣區
embryonic cuticle	胚胎表皮	胚胎表皮
embryonic envelope	胚胎包膜	胚胎包膜
embryonic metameres（=primary segments）	初生节	原生節
emergence	羽化	羽化
emigration	迁出	遷出
emission	散发	散發
empodia（单 empodium）	爪间突	爪間體
empodium（复 empodia）	爪间突	爪間體

英　文　名	大　陆　名	台　灣　名
encapsulation	包囊作用	包囊作用
endangered species	濒危种	瀕危種
endemic species	特有种, 地方种	特有種
endite	内叶	肢内葉
endochorion	内卵壳	内卵殼
endocorium	内革片	内革片
endocrine gland	内分泌腺	内分泌腺
endocuticle（拉 endocuticula）	内表皮	内表皮
endocuticula（拉，＝endocuticle）	内表皮	内表皮
endocytosis	内吞作用	胞飲作用
endogenital seta	内殖毛	内殖毛
endogenous rhythm	内源节律	内源節律
endoparasite	内寄生物	内寄生者
endoparasitic mites	内寄生螨类	内寄生蟎類
endophallus	内阳茎	内陰莖
endopodalia	足内板	足内板
endopodal plate（＝endopodalia）	足内板	足内板
endopodal shield（＝endopodalia）	足内板	足内板
endopodite	内肢节	内肢
Endopterygota	内翅类	内生翅類
endoskeleton	内骨骼	内骨骼
endospermatophore	内精包	内精包
endosymbiosis	内共生	内共生
endotheca	内阳茎基鞘	内鞘
endothermic animal（＝homeotherm）	恒温动物	恒溫動物
endotoky	体内卵发育	體内卵發育
δ-endotoxin（＝parasporal crystal）	δ 内毒素（＝伴孢晶体）	δ 内毒素（＝側孢體）
energid	活质体	活質體
energy	能量	能量
energy budget	能量收支	能量收支
energy dissipation	能量耗散	能量耗散
energy efficiency	能量效率	能量效率
energy flow	能量流	能量流
energy input	能量输入	能量輸入
energy output	能量输出	能量輸出
energy pyramid	能量锥体	能量金字塔
energy transformation	能量转换	能量轉換
energy value	能值	能量值

英 文 名	大 陆 名	台 灣 名
Enicocephalomorpha	奇蝽次目	長頭椿象部
Ensifera	螽亚目	螽斯亞目
enteric discharge	排胃	排胃
enterokinase	肠激酶	腸激酶
entocuticle(=endocuticle)	内表皮	內表皮
entomochory	昆虫传播	昆蟲傳播
entomogamy	虫媒花	蟲媒花
entomogenous nematode	昆虫寄生性线虫	蟲生線蟲
entomology	昆虫学	昆蟲學
entomopathogenicity	昆虫病原性	昆蟲病原性
entomophage(=insectivore)	食虫类	食蟲類
entomophilous plant	虫媒植物	蟲媒植物
entomophyte	冬虫夏草	蟲草
entomopox virus(EPV)	昆虫痘病毒	昆蟲痘病毒
entomopox virus disease	昆虫痘病毒病	昆蟲痘病毒病
entomourochrome	虫尿色素	蟲尿色素
entrainment	内外偶联	拽引,偶聯
envelope	囊膜	被膜
enveloping cell	围被细胞	包裹細胞
environmental capacity	环境容量	環境容量
environmental entomology	环境昆虫学	環境昆蟲學
environmental fitness	环境适度	環境適度
environmental hormone	环境激素	環境荷爾蒙
environmental resistance	环境阻力	環境阻力
environmental toxicology	农药环境毒理学	環境毒理學
enzootic disease	动物地方性疾病	動物地方性病,地方性 獸疫
enzyme regulation	酶调节[作用]	酵素調節機制
Eosentomoidea	古蚖目	古蚖亞目
Ephemerida(= Ephemeroptera)	蜉蝣目	蜉蝣目
Ephemeroptera	蜉蝣目	蜉蝣目
epicephalon	上后头	上後頭
epicranial arm(=frontal suture)	额缝	額縫,頭縫支
epicranial stem (=coronal suture)	冠缝	頭縫幹
epicranial suture(= ecdysial line)	蜕裂线,头盖缝	頭縫
Epicriina	表刻螨亚目	表刻螨亞目
epicuticle(拉 epicuticula)	上表皮	上表皮
epicuticula （拉, =epicuticle)	上表皮	上表皮

英　文　名	大　陆　名	台　灣　名
epideictic pheromone	抗聚集信息素	抗聚集費洛蒙
epidermis	真皮	真皮
epigamic behavior	求偶行为	求偶行爲
epigamic color	性色	雌雄性色
epigenetic period	后成期	後成期
epiglossa（＝epipharynx）	内唇	上咽頭
epiglottis（＝epipharynx）	内唇	上咽頭
epigynial plate	①前殖板（＝epigyni- um）②生殖板	①前殖板（＝epigyni- um）②生殖板
epigynium	前殖板	前殖板
epimera（单 epimeron）	后侧片	後側片
epimeral plate	基节板	基節板
epimeral seta	基节板毛	基節板毛
epimeron（复 epimera）	后侧片	後側片
epimeron group（＝coxal group）	基节板群	基節板群
epimeron pore	基节板孔	基節板孔
epiopticon	视外髓	視外髓
epiparasitism	重寄生	重複寄生
epipharyngeal sclerites	内唇片	上咽頭骨片
epipharynx	内唇	上咽頭
epiphysis	前胫突	大距
epipleura（单 epipleuron）	缘折	緣摺
epipleurite	上侧片	載翅突起
epipleuron（复 epipleura）	缘折	緣摺
epipodite	上肢节	上肢
epiproct	肛上板	肛上板
epiprosoma	足前体	足前體［部］
epiroglandularia	基节腺毛	基節腺毛
episematic color	辨识色	辨識色
episterna（单 episternum）	前侧片	前側片
episternum（复 episterna）	前侧片	前側片
epistoma	①口上片 ②额唇基 （＝frontoclypeus）	①口上區 ②額唇基片 （＝frontoclypeus）
epistomal suture	口上沟	口上縫
epitracheal gland	气管上腺	氣門上腺
epizootic disease	动物流行病	獸疫,动物流行病
epizootiology	动物流行病学	獸疫學,动物流行病學
epoxide hydrolase	环氧化物酶	環氧化物水解酶

英　文　名	大　陆　名	台　灣　名
EPSP（＝excitatory postsynaptic potential）	兴奋性突触后电位	興奮性突觸後電位
EPV（＝entomopox virus）	昆虫痘病毒	昆蟲痘病毒
eremoparasitism	独寄生	獨寄生
ereynetal organ	蝓螨器	蝓螨器
ergatandromorph	工雄蚁	工雄蟻
ergate	工蚁	工蟻
ergatogyne	无翅雌蚁	無翅雌蟻
ergatoid	拟工蚁	擬工蟻
erinea（单 erineum）	毛瘿,毛毡	毛癭,絨毛
erineum（复 erinea）	毛瘿,毛毡	毛癭,絨毛
eriophyoid mite	瘿螨	節蜱
erythroaphin	蚜红素	蚜紅素
erythropsin	眼红素	視紅質
erythropterin	红蝶呤	紅蝶呤
esterases	酯酶	酯酶
estrogen-like compound	雌激素类似物	動情素類似物
ETH（＝ecdysis triggering hormone）	蜕皮引发激素	蛻皮誘發激素
Ethiopian Realm（＝Afrotropical Realm）	埃塞俄比亚界（＝非洲界）	非洲區
ethocline	行为梯度变异	行爲梯度變異
ethogenetics	行为遗传学	行爲遺傳學
ethogramme	行为图表	行爲圖表
ethophysiology	行为生理学	行爲生理學
ethoxylcumarin O-deethylase（ECOD）	乙氧香豆素 O-去乙基酶	乙氧香豆素 O-去色基酶
etiology	病因学	病原學(**病因學**)
eubiocoenosis	自然生物群落	自然生物群集
eucone eye	晶锥眼	真晶錐眼
eucone ommatidum（＝eucone eye）	晶锥眼	真晶錐眼
eugenital opening	真殖孔	真殖孔
eugenital seta	真殖毛	真殖毛
Eumecoptera	真长翅亚目	真長翅亞目
eumelanin	真黑色素	真黑色素
eupathidia（单 eupathidium）	荆毛	荊毛
eupathidium（复 eupathidia）	荆毛	荊毛
eupheredermes	真壳型	真殼型
euplantula（＝tarsal pulvillus）	跗垫	跗節褥盤
Eupodina	真足螨亚目	真足螨亞目

英　文　名	大　陆　名	台　灣　名
euryecious species	广幅种,广适种	廣棲種
eusocial insect	真社会性昆虫	真社會性昆蟲
eusternum	主腹片	真腹片
Eutracheata	真气管类	真氣管類
eutrochantin	基侧片	真轉節區,基側片
eutrophapsis	哺幼性	哺幼性
eutrophication	富营养作用	優養化
evolutionary novelty	进化新征	進化新徵
evolutionary species	进化种	進化種
evolutionary strategy	进化对策(**演化策略**)	演化策略
evolutionary taxonomy	进化分类学	進化分類學
exchange pool	交换库	交換庫
excitatory postsynaptic potential(EPSP)	兴奋性突触后电位	興奮性突觸後電位
exite	外叶	肢外葉
exobothridial seta	感器窝外毛	感器窝外毛
exo-brevicomin	西部松小蠹诱剂	西部松小蠹誘劑
exochorion	外卵壳	外卵殼
exocone eye	外晶锥眼	外晶錐眼
exocorium	外革片	外革片
exocrine gland	外分泌腺	外分泌腺
exocuticle(拉 exocuticula)	外表皮	外表皮
exocuticula (拉, =exocuticle)	外表皮	外表皮
exocytosis	胞吐作用	胞泌作用
exogenous rhythm	外源节律	外源節律
exopodal plate	足外板	足外板
exopodite	外肢节	外肢
Exoporia	蝙蝠蛾亚目	蝙蝠蛾亞目
Exopterygota	外翅类	外生翅類
exoskeleton	外骨骼	外骨骼
exothermic animal(=poikilotherm)	变温动物	變溫動物
exotic species	外来种	外來種
exotoky	体外卵发育	體外卵發育
α-exotoxin	α 外毒素	α 外毒素
β-exotoxin	β 外毒素	β 外毒素,β 蘇力菌素
exotrysian type	外孔式	外孔式
experimental taxonomy	实验分类学	實驗分類學
exploratory learning(=latent learning)	潜伏学习	潛伏學習
ex situ conservation	异地保育	異地保育

英　文　名	大　陆　名	台　灣　名
exterior respiration	外呼吸	外呼吸
external chiasma	外交叉	外叉形神經
extinction	绝灭	絕滅
extra-intestinal digestion	肠外消化	腸外消化
extra-oral digestion	口外消化	口外消化
extratemporal seta	外颞毛	外顳毛
exuvia(单 exuvium)	蜕(虫蜕)	皮蛻
exuvial gland	蜕皮腺	蛻皮腺
exuvium(复 exuvia)	蜕(虫蜕)	皮蛻
eye	眼	眼
eye bridge	眼桥	眼橋
eye-brow(= ridge)	嵴,假眉	脊
eye plate	眼板	眼板
eyeshine	眼耀	眼耀

F

英　文　名	大　陆　名	台　灣　名
face(复 facies, facia)	颜面	顏面
facet	小眼面	小眼面
facia(单 face)	颜面	顏面
facial bristle	颜鬃	顏面剛毛
facial carina	颜脊	顏脊
facies(单 face)	颜面	顏面
facilitation	易化	容易化
factitious host	人为宿主	人爲寄主
facultative diapause	兼性滞育	兼性滯育
facultative parasitism	兼性寄生	兼性寄生
facultative parthenogenesis	兼性孤雌生殖	兼性單性生殖
facultative pathogen	兼性病原体	兼性病原體
facultative pathogenic bacteria	兼性病原性细菌	兼性病原性細菌
false ovipositor	伪产卵器	僞産卵器
false spider mite(= tenuipalpid mite)	细须螨	僞葉蟎
false vein	伪脉	僞脈
family	科	科
famuli(单 famulus)	芥毛	芥毛
famulus(复 famuli)	芥毛	芥毛
fat body	脂肪体	脂肪體

英　文　名	大　陆　名	台　灣　名
fat cell(＝adipocyte)	脂肪细胞	脂肪細胞
fauna	动物区系	動物相
feather claw	羽状爪	羽狀爪
fecula	虫粪	蟲糞
fecundity	产卵力	產卵力
feedback	反馈	回饋
feeding stimulant(＝phagostimulant)	助食素	取食刺激素
femora(单 femur)	股节,腿节	腿節
femorala	须股毛	腿毛
femoral seta(＝femorala)	须股毛	腿毛
femoral suture	股缝	腿縫
femorogenu(＝femur-genu)	股膝节	腿膝節
femur(复 femora)	股节,腿节	腿節
femur-genu	股膝节	腿膝節
fenestra(复 fenestrae)	生殖窗(**透明纹**)	透明紋
fenestrae(单 fenestra)	生殖窗(**透明纹**)	透明紋
fertility	生育力	生育力
festoon	缘垛	緣彩,緣垛
fibrillar muscle	纤维肌	纖維肌
fibroin	丝心蛋白	絲心蛋白,生絲素
fibroinase	丝心蛋白酶	絲心蛋白酶
fig mosaic	无花果花叶病	無花果嵌紋病
figure direction cell	图形检测细胞	圖形檢測細胞
fila ovipositoris	产卵丝	產卵絲
file	音锉	銼弦
filter chamber	滤室	濾室
filter feeder	滤食类	濾食類
fixed chela	定趾	定趾
fixed digit(＝fixed chela)	定趾	定趾
flabellum	中舌瓣	中舌瓣
flacherie	软化病	軟化病
flagellar segment	鞭小节	鞭小節
flagellomere(＝flagellar segment)	鞭小节	鞭小節
flagellosis	鞭毛虫病	鞭毛蟲病
flagellum	①鞭毛 ②鞭节	①鞭毛 ②鞭節
flash coloring	瞬彩	瞬彩
flashing light	闪光	閃光
flight muscle	飞行肌	飛翔肌

英 文 名	大 陆 名	台 灣 名
follicle cell	卵泡细胞	卵泡細胞
follicle patency	卵泡开放	濾泡開放
follicle-specific protein	卵泡特异蛋白	濾泡特異蛋白
food chain	食物链	食物鏈
food channel(=food meatus)	食物道	食管
food competition	食物竞争	食物競爭
food habit	食性	食性
food meatus	食物道	食管
food preference	嗜食性	食物偏好
food pyramid	食物锥体	食物金字塔
food web	食物网	食物網
foraging	觅食	覓食
foraging strategy	觅食策略	覓食策略
foramen magnum	后头孔	後頭孔
forceps	尾铗(**尾铗**)	鋏,鉗狀器
foreleg	前足	前足
forensic entomology	法医昆虫学	法醫昆蟲學
forest ecosystem	森林生态系统	森林生態系
forest entomology	森林昆虫学	森林昆蟲學
Forficalina	蠼螋亚目	蠼螋亞目
formamidines	甲脒类杀虫剂	甲脒類殺蟲劑
formicary	蚁巢	蟻巢
formulation	剂型	劑型
fossa	爪窝	爪窩
fossary seta	爪窝毛	爪窩毛
fossorial leg	开掘足	開掘足
fovea	盾窝	盾窩
foveal gland	盾窝腺	盾窩腺
fovea pedales(=leg socket)	足窝	足盾凹(**足窩**)
frass(=fecula)	虫粪	蟲糞
free pupa	离蛹,裸蛹	裸蛹
Frenatae	翅缰亚目	翅繮亞目
frenulum	翅缰	翅刺
fringe	缘毛	鑲毛狀,緣毛
fringe habitat	边缘生境	邊緣棲所
frons	额	額
front(=frons)	额	額
frontal bristle	额鬃	額剛毛

英 文 名	大 陆 名	台 灣 名
frontal carina	额脊	額脊
frontal comb	额栉	額櫛
frontal elevation（=postantennal tubercle）	额瘤（=角后瘤）	額瘤（=觸角基瘤）
frontal ganglion	额神经节	額神經球
frontalin	南部松小蠹诱剂	南部松小蠹誘劑
frontal lunule（=lunule）	额眉片（=新月片）	
frontal nerve	额神经	額神經
frontal plate	额片	額片
frontal seta	额毛	額毛
frontal suture	额缝	額縫,頭縫支
frontal tubercle	额突	額瘤
frontal vitta（=interfrontalia）	间额	額間帶
frontoclypeal suture（=epistomal suture）	口上沟	口上縫
frontoclypeus	额唇基	額唇基片
frontogenal suture	额颊沟,角下沟	額頰縫
fugitive species	流窜种	流竄種
Fulgoromorpha	蜡蝉亚目	蠟蟬亞目
futurae	舌悬骨	下咽頭懸骨
functional diversity	功能多样性	功能多樣性
functional response	功能反应	機能反應
fundamental niche	基础生态位	基礎生態席位
fundatrices（单 fundatrix）	干母	幹母
fundatrigenia（复 fundatrigeniae）	干雌	幹雌
fundatrigeniae（单 fundatrigenia）	干雌	幹雌
fundatrix（复 fundatrices，=stem mother）	干母	幹母
funicle	索节	絲狀節
furca	刺突	叉狀骨
furcella（=furca）	刺突	叉狀骨
furcula	弹器	彈器
furcular base（=manubrium）	弹器基	彈器基
fusi（单 fusus）	吐丝器	吐絲器
fusus（复 fusi，=spinneret）	吐丝器	吐絲器

G

英 文 名	大 陆 名	台 灣 名
GABA receptor	γ-氨基丁酸受体	γ-氨基丁酸受體
Gaia hypothesis	盖娅假说	蓋婭假說

英 文 名	大 陆 名	台 灣 名
galea	外颚叶	外顎葉
galeal seta	螯鞘毛	外葉毛
gall	虫瘿	蟲瘿
gamic female(=amphigonic female)	有性雌蚜	有性雌蚜
gamma taxonomy	γ分类	γ分類學,系統分類學
gamogenesis	有性生殖	有性生殖
ganglionic commissure	神经节连索	神經球索
gaster	①柄后腹 ②腹部 (=abdomen)	①錘腹 ②腹部(=ab- domen)
gastric ganglion(=ingluvial ganglion)	嗉囊神经节	嗉囊神經球,胃神經球
gastric spiculum	腹针	腹針
gate	周期时限	週期時限
gating current	门控电流	門控電流
gena(复 genae)	颊	頰
genae(单 gena)	颊	頰
genal comb	颊栉	頰櫛
genal orbitals(=inferior orbitals)	下眶鬃	下眶剛毛
genal process	颊突	頰突
genal seta	颊毛	頰毛
genaponta(=postgenal bridge)	后颊桥	後頰橋
genealogy	谱系学	系譜學
gene amplification	基因扩增	基因複增
genera (单 genus)	属	屬
general entomology	普通昆虫学	普通昆蟲學
generation overlap	世代重叠	世代重疊
generation time	世代时间	世代時間
gene-regulation	基因调节	基因調節
Gene's organ	吉氏器	吉氏器
genetic diversity	遗传多样性	遺傳多樣性
genital apron(=apron)	生殖帷	生殖帷
genital area	生殖区	生殖區
genital capsule	生殖囊	生殖囊,肛上板
genital chamber	生殖腔	陰道
genital coverflap	生殖器盖片	生殖器蓋片
genital field(=genital area)	生殖区	生殖區
genital fold	生殖褶	生殖褶,生殖摺縫
genital groove	生殖沟	生殖溝
genitalia	外生殖器	外生殖器

英　文　名	大　陆　名	台　灣　名
genital meatus	生殖道	生殖道
genital operculum(=genital shield)	生殖盖	生殖蓋板
genital papilla	生殖乳突	生殖乳突
genital sclerite	生殖片	生殖片
genital segment	生殖节	生殖節
genital shield	生殖盖	生殖蓋板
genital wing	生殖翼	生殖翼
genito-anal plate (=anogenital plate)	殖肛板	殖肛板
genito-anal seta	殖肛毛	殖肛毛
genito-ventral seta	殖腹毛	殖腹毛
genito-ventral shield	殖腹板	殖腹板
genito-ventroanal shield	殖腹肛板	殖腹肛板
gen. nov. (=genus novum)	新属	新屬
genosyntype	属群模(属同模)	屬同模
genotoxicity	基因毒性	遺傳毒性
genotype	属模	屬模
genuala	膝毛	膝毛
genus(复 genera)	属	屬
genus novum(拉, gen. nov.)	新属	新屬
geobiocenosis	地生物群落	土地生物群集
geographical distribution	地理分布	地理分佈
geographical information system(GIS)	地理信息系统	地理資訊系統
geographical isolation	地理隔离	地理隔離
geographic subspecies	地理亚种	地理亞種
geomenotaxis	恒向趋地性	恒向趨地性
geotaxis	趋地性	趨地性
geotropotaxis	转向趋地性	轉向趨地性
germarium	原卵区	生殖原質區
germ band	胚带	胚帶
germ cell	生殖细胞	生殖細胞
germ disc (=germ band)	胚盘(=胚带)	
germinal band (=germ band)	胚带	胚帶
Gerromorpha	黾蝽次目	水黽部
gestalt	格式塔, 完形	格士塔, 模樣
giant axon	巨轴突	巨軸突
giant cell(=teratocyte)	巨形细胞(=畸形细胞)	巨細胞(=畸形細胞)
GIS(=geographical information system)	地理信息系统	地理資訊系統

英　文　名	大　陆　名	台　灣　名
gizzard	前胃,砂囊	砂囊,賁門部,前胃
glade	横缘群(**进化群**)	進化群
glandular bristle	腺鬃	腺剛毛
glandular hair	腺毛	腺毛
glandularia limnesiae	沼螨腺毛	沼蟎腺毛
glandular sclerite	围腺片(**围腺骨片**)	圍腺骨片
glomeruli(单 glomerulus)	神经纤维球	神經纖維球
glomerulus(复 glomeruli)	神经纤维球	神經纖維球
glossa(复 glossae)	中唇舌	中舌
Glossata	有喙亚目	旋喙亞目
glossae(单 glossa)	中唇舌	中舌
glucosamine	葡糖胺,氨基葡糖	葡萄糖胺
glucuronidase	葡糖醛酸糖苷酶	葡糖苷酸酶
glucuronyl transferase	葡糖苷酸基转移酶	葡糖苷酸基轉移酶
glue protein	胶蛋白	膠蛋白
glutathione S-transferase	谷胱苷肽 S-转移酶	穀胱苷肽 S-轉移酶
α-glycerophosphate shuttle	α-甘油磷酸穿梭	α-甘油磷酸酯迴路
gnathal segments	颚节	顎節
gnathobasal seta	颚基[节]毛	顎基[節]毛
gnathocoxa	颚基节	顎基節
gnathocoxal seta(=gnathobasal seta)	颚基[节]毛	顎基[節]毛
gnathos	颚形突	匙狀突
gnathosoma	颚体	顎體
gnathosomal base ring	颚基环	顎基環
gnathosomal groove	颚[基]沟	顎體溝(**顎[基]溝**)
gnathosomal seta(=gnathobasal seta)	颚基[节]毛	顎基[節]毛
gnathotectum	颚盖	顎體蓋(**顎蓋**)
goblet	杯状体	杯狀體
goblet cell(=calyciform cell)	杯形细胞	杯狀細胞
gonad	生殖腺	生殖腺
gonadotropic hormone	促性腺激素	促性腺激素
gonadotropin(=gonadotropic hormone)	促性腺激素	促性腺激素
gonangula(单 gonangulum)	瓣间片,生殖棱	生殖棱
gonangulum(复 gonangula)	瓣间片,生殖棱	生殖棱
gonapophyses	生殖突	生殖片
gonapsides(单 gonapsis)	殖下片	殖下片
gonapsis(复 gonapsides)	殖下片	殖下片
gonarcus	殖弧叶	殖弧葉

英　文　名	大　陆　名	台　灣　名
gonobase	生殖基节	生殖基節
gonoclavi	生殖棒	生殖棒
gonocoxite	生殖基片	生殖片基節
gonocrista（复 gonocristae）	生殖脊	生殖脊
gonocristae（单 gonocrista）	生殖脊	生殖脊
gonoplac	生殖板	生殖板
gonopod	生殖肢	生殖肢
gonoporal process	生殖孔突	生殖孔突
gonopore	生殖孔	生殖孔
gonosaccus（＝genital capsule）	生殖囊	生殖囊,肛上板
gonosetae	生殖毛	生殖毛
gonosomite（＝genital segment）	生殖节	生殖節
gonostyli（单 gonostylus）	生殖刺突	性尾突,攫握器基
gonostylus（复 gonostyli）	生殖刺突	性尾突,攫握器基
gonotreme	生殖口	生殖口
gonotrophic concordance	生殖滋养调合	生殖滋養調和
gonotrophic dissociation	生殖滋养分离	生殖滋養分離
gossyplure	红铃虫性诱剂	紅鈴蟲性誘劑
gradate crossvein	阶脉	階脈
grade	级	級
grainvore	食谷类	食穀類
Grandjean's organ	格氏器	格氏器
grandlure	棉象甲性诱剂	棉象甲性誘劑
granular hemocyte（＝granulocyte）	颗粒血细胞	顆粒血細胞
granule	颗粒体	顆粒體
granulin	颗粒体蛋白	顆粒體蛋白素
granulocyte	颗粒血细胞	顆粒血細胞
granulosis	颗粒体病	顆粒體病
granulosis virus（GV）	颗粒体病毒	顆粒體病毒
grasserie	脓病,黄疸病	膿病
grassland ecosystem	草原生态系统	草原生態系
green muscardine	绿僵病	綠僵病
green-sensitive cell	绿敏细胞	綠敏細胞
gregarious parasitism	群寄生	群聚寄生
grooming behavior	修饰行为	修飾行爲
group	群	群
group defence	结群防卫	群體防衛
grouping behavior	结群行为	群體行爲

英　文　名	大　陆　名	台　灣　名
growth-blocking peptide	生长阻滞肽	生長阻滯肽
Grylloblattodea	蛩蠊目	蛩蠊目
guild	共位群,功能群	共食種
gula	外咽片	外咽片
gular plate(=gula)	外咽片	外咽片
gular suture	外咽缝	外咽縫
gullet(=oesophagus)	食道	食道
gutter area	外咽区	外咽區
gutter fold	外咽褶	外咽褶
GV(=granulosis virus)	颗粒体病毒	顆粒體病毒
Gymnocerata	显角类	顯角椿亞目
Gymnogastra	显腹类	顯腹類
gynandromorph	雌雄嵌合体	雌雄同體
gyne	雌蚁	雌蟻
gynecoid	雌工蚁	雌工蟻
gynergate	雌工嵌体	雌工嵌體
gynetype	雌模	雌模
gynium	雌生殖节	雌生殖節
gynogenesis	雌核生殖	雌核生殖
gyrinidone	豉甲酮	豉甲酮

H

英　文　名	大　陆　名	台　灣　名
habitat	生境	棲所
habitat island	生境岛(**孤立生境**)	孤立棲所(**孤立生境**)
habitat selection	生境选择	棲所選擇
habituation	习惯化	習慣化
haemocoel(=hemocoel)	血腔	血腔
haemocoelic insemination	血腔受精	血腔受精
haemocoelous viviparity	血腔胎生	血腔胎生
haemocyte(=hemocyte)	血细胞	血細胞
haemolymph(=hemolymph)	血淋巴	血淋巴
haemorrhagic fever with renal syndrome (RSHF)	肾综合征出血热,流行性出血热	腎綜合徵出血熱,腎並發性出血熱
Haller's organ	哈氏器	哈氏器
halogenated hydrocarbons	卤化烃化物	氯化烴毒殺劑

英　文　名	大　陆　名	台　湾　名
halter	平衡棒	平衡棍
hamabiosis	无益共生	無益共生
hami(单 hamus)	钩脉	翅鉤(鉤脈)
hamule	翅钩	鉤列
hamuli(单 hamulus)	翅钩	鉤列
hamulus(复 hamuli, ＝hamule)	翅钩	鉤列
hamus(复 hami)	钩脉	翅鉤(鉤脈)
haplometrosis	单母建群	單雌建群
haplometrotic colony(＝monogynous colony)	单王群	單王群
haplotype	单模	單模
harmful insect	有害昆虫	有害昆蟲
harpago(复 harpagones)	①生殖刺突(＝gonostylus) ②抱握器(＝clasper)	①性尾突,攫握器基(＝gonostylus) ②攫握器(＝clasper)
harpagones(单 harpago)	①生殖刺突 ②抱握器	①性尾突,攫握器基 ②攫握器
harpe(＝clasper)	抱握器	攫握器
hatching	孵化	孵化,蛻殼
haustella(单 haustellum)	中喙	吸喙
haustellum(复 haustella)	中喙	吸喙
head	头	頭部
head capsule	头壳	頭殼
hearing	听觉	聽覺
heat shock cognate protein	热激关联蛋白	熱休克相關蛋白
heat shock protein(HSP)	热休克蛋白,热激蛋白	熱休克蛋白
heavy seta	大毛,巨毛	巨毛
hemagglutinin(＝lectin)	血细胞凝集素	血細胞凝集素
hematophage(＝sanquinivore)	食血类	食血類
hemelytra(单 hemelytron)	半鞘翅	半翅鞘
hemelytron(复 hemelytra)	半鞘翅	半翅鞘
hemielytra(单 hemielytron)	半鞘翅	半翅鞘
hemielytron(复 hemielytra, ＝hemelytron)	半鞘翅	半翅鞘
Hemimerina	鼠螋亚目	鼠螋亞目
Hemimetabola	半变态类	半變態類
hemimetamorphosis	半变态	半變態
hemipneustic respiration	半气门式呼吸	半氣門式呼吸

英　文　名	大　陆　名	台　灣　名
Hemiptera	半翅目	半翅目
hemocoel	血腔	血腔
hemocyte	血细胞	血細胞
hemocytopenia	血细胞减少［症］	血球減少症
hemocytopoietic organ	造血器官	造血器官
hemogram	血相	血相
hemokinin	血细胞激肽	血球激肽
hemolin	抑血细胞聚集素	抑血球聚集素
hemolymph	血淋巴	血淋巴
hemopoietic organ（=hemocytopoietic organ）	造血器官	造血器官
herbivore	食草类	食草性動物
hermaphrodite	雌雄同体	雌雄同體,兩性同體
Heterobathmina	异蛾亚目	異蛾亞目
heterobathmy	祖衍镶嵌［现象］	祖裔鑲嵌［現象］
Heterocera	异角类	異角類
heterochrony	异时发生	不規則發生
heterodynamic insect	异动态昆虫	異動態昆蟲
heterogamy	异配生殖	異配偶
heterogeneity	异质性	異質性
heterogenesis	异型有性世代交替（**异型生殖**）	異態生殖（**異型生殖**）
heterogeny（=heterogenesis）	异型有性世代交替（**异型生殖**）	異態生殖（**異型生殖**）
heterogonic growth（=allometry）	异速生长	不相稱生長
Heteromera	异跗类	異節類（**異跗類**）
heteromorphosis	异形再生	異形變態,異形再生
heteromorphous regeneration（=heteromorphosis）	异形再生	異形變態,異形再生
heteroparthenogenesis（=cyclic parthenogenesis）	周期性孤雌生殖	週期性孤雌生殖
Heteroptera	异翅亚目	異翅亞目
heterotroph	异养生物	異營性生物
heteroxenous parasitism	转主寄生	異主寄生
Hexapoda	六足类	六足類
hibernaculum	越冬巢	越冬巢
hibernation	冬眠,冬蛰	冬眠
hierarchy	序位体系,阶元系统	階元系統

英 文 名	大 陆 名	台 灣 名
hindleg	后足	後足
histogenesis	组织发生	組織發生
histolysis	组织分解	組織分解
histopathology	病理组织学	組織病理學
holandric gene	全雄基因	全雄基因
Holarctic Realm	全北界(**全北区**)	全北區
holidic diet(=chemically defined diet)	化学规定饲料,全纯饲料	化學規定飼料
holocrine secretion(=holocriny)	全质分泌	全分泌
holocriny	全质分泌	全分泌
holocyclic species	全周期性种	完全生活環種
holodorsal shield(=holonotal shield)	全背板	全背板
hologastric type	全腹型	全腹型
holoid	全缝型	全縫型
Holometabola	全变态类	全變態類
holonotal shield	全背板	全背板
holopodal plate	全足板	全足板
holoptic type	接眼式	接眼式
Holothyrida	巨螨目	巨螨亞目
holotype	正模	正模
holoventral plate	全腹板	全腹板
holoventral shield(=holoventral plate)	全腹板	全腹板
hom. (=homonym)	异物同名	異物同名
homeostasis	稳态	恒定性
homeotherm	恒温动物	恒溫動物
homeotic gene	同源异形基因	同源轉化基因
home range	活动范围	活動範圍
homochromatism	同色现象	同色現象
homodynamic insect	同动态昆虫	同動態昆蟲
homoeotype(=homotype)	等模	等模
homologous synapomorphy	同源共同衍征	同源性同裔徵
homomorpha	成幼同型	同型(**成幼同型**)
homomorphic male	同型雄螨	同型雄螨
homonym(hom.)	异物同名	異物同名
homoplasy	异源同形	異源同形
Homoptera	同翅目	同翅目
homotype	等模	等模
honeydew(=manna)	蜜露	蜜露

英　文　名	大　陆　名	台　灣　名
honey sac(=honey stomach)	蜜胃,蜜囊	蜜囊
honey stomach	蜜胃,蜜囊	蜜囊
hood	顶突	頂帽
horizontal distribution	水平分布	水平分佈
horizontal transmission	水平传递	水平傳播
hormesis	毒物兴奋效应	毒物激發效應
hormone response element(HRE)	激素应答单元	激素反應單元
host	宿主,寄主	寄主
host plant	寄主植物	寄主植物
host recognition	寄主识别	寄主識別
host specificity	宿主专一性	寄主專一性
Hoyer's medium	霍氏封固液(**霍氏液**)	霍氏液
HRE(=hormone response element)	激素应答单元	激素反應單元
HSP(=heat shock protein)	热休克蛋白, 热激蛋白	熱休克蛋白
humeral angle	肩角	肩角,上膊角
humeral bristle	肩鬃	肩鬃,上膊剛毛
humeral callus	肩胛	肩胛,上膊板
humeral crossvein	肩横脉	肩橫脈,上膊橫脈
humeral plate	肩板	肩板,上膊板
humeral projection	肩突	肩突
humeral region	肩区	肩區
humerals(=humeral seta)	肩毛	肩毛,膊剛毛
humeral seta	肩毛	肩毛,膊剛毛
hyaluronidase	透明质酸酶	透明質酸酶
hybrid	杂种	雜種
Hydradephaga(= Adephaga)	肉食亚目	肉食亞目
hydrokinesis	湿动态	流體動態
hydrostatic organ	浮水器	浮水器
hydrostatic pressure receptor	水压感受器	水壓感受器
hydrotaxis	趋湿性,趋水性	趨水性
20-hydroxy-ecdysterone(=ecdysterone)	20-羟基蜕皮酮(=蜕皮甾酮)	20-羥基蜕皮素
hygroreceptor	湿感受器	濕度感應器
Hymenoptera	膜翅目	膜翅目
hypandrium	①下生殖板 ②肛下板(=hypopygium)	①陰部鱗板 ②肛下板(=hypopygium)
hyperaminoacidemia	血氨基酸过多症	血氨酸過多症
hypergamesis	过交配	過交配

英 文 名	大 陆 名	台 灣 名
hyper-irritability	过兴奋性	高興奮性
hypermetamorphosis	复变态	過變態
hyperparasite	重寄生物	重複寄生物
hyperparasitism(＝epiparasitism)	重寄生	重複寄生
hypertrehalosemic hormone	高海藻糖激素	升海藻糖激素,升花粉糖激素
hypocerebral ganglion	脑下神经节	腦下神經球
hypodermis(＝epidermis)	真皮	真皮
hypognathal groove	下颚沟	下顎溝
hypognathous type	下口式	下口式
hypogynia(单 hypogynium)	下阴片	下陰片
hypogynium(复 hypogynia)	下阴片	下陰片
hypo-irritability	低兴奋性	低興奮性
hypomera (单 hypomeron)	前背折缘	隆緣(前背摺緣)
hypomeron(复 hypomera)	前背折缘	隆緣(前背摺緣)
hypopharyngeal gland	咽下腺,王浆腺	下咽喉腺,側咽喉腺
hypopharynx	下咽	下咽
hypopleural bristle	下侧鬃	下側板剛毛
hypopleuron	下后侧片	下後側片
hypopodes(单 hypopus)	休眠体	①休眠體,化播體,載播體 ②若蟎期
hypoproct(＝hypopygium)	肛下板	肛下板
hypoproteinenia	血蛋白缺乏[症]	血蛋白缺乏症
hypopus(复 hypopodes)	休眠体	①休眠體,化播體,載播體 ②若蟎期
hypopus motile(＝active hypopus)	活动休眠体	活動遷移體
hypopygium	肛下板	肛下板
hypostomal area	口后区	口下區
hypostomal bridge	口后桥	口下橋
hypostomal plate	口下板	口下板
hypostomal sclerite	口后片	口下片
hypostomal seta	口下板毛	口下板毛
hypostomal suture	口后沟	口下縫
hypostome(＝hypostomal plate)	口下板	口下板
hypotrehalosemic hormone	低海藻糖激素	降海藻糖激素,降花粉糖激素
hypsotaxis	趋高性	趨高性
hysterosoma	后半体	後半體

英　文　名	大　陆　名	台　灣　名
hysterosomal shield	后半体板	後半體板

I

英　文　名	大　陆　名	台　灣　名
I_{50}（＝median inhibitory concentration）	抑制中浓度	半數抑制濃度
ice nucleation	冰核形成	冰核形成
icotype	像模	像模
ideotype	异模（观念模）	觀念模
idiosoma	躯体	軀體
IGR（＝insect growth regulator）	昆虫生长调节剂	昆蟲生長調節劑
ileum	回肠	迴腸
imaginal bud（＝imaginal disc）	成虫器官芽,成虫盘	成蟲芽,成蟲盤
imaginal disc	成虫器官芽,成虫盘	成蟲芽,成蟲盤
imago（＝adult）	①成虫 ②成螨 ③成蜱	①成蟲 ②成蟎 ③成蜱
imagochrysalia	成蛹	成蛹
immersed germ band	下沉胚带	隱胚帶
immigration	迁入	遷入
immovable pteromopha	非动型翅形体（固定型翅形体）	固定型翅形體
immunity	免疫性	免疫
immunization（＝immunological response）	免疫反应	免疫反應
immunological response	免疫反应	免疫反應
imprinting	印记	印記,印痕
Inaequipalpia	异须亚目	異鬚亞目
incased pupa（＝pupa folliculata）	裹蛹	全繭蛹,包裹蛹
incidence	发病率	發病率
incipient species	端始种	端始種
incisor	切齿	切齒
incitant	①激活因子 ②诱发因子	①興奮劑,啟動子（激活因子）②誘發因數
inclusion body	包含体	包涵體,包理體
incomplete metamorphosis	不完全变态	不完全變態
incubation period（＝potential period）	潜伏期	潛伏期
independent joint action	独立联合作用	獨立聯合作用
index of crowding	拥挤度指数	擁擠度指數
index of patchiness	斑块性指数	斑塊性指數
indigenous species	本地种	原生種,本地種

英　文　名	大　陆　名	台　灣　名
inducer	诱发剂	誘發劑
inducible gene	可诱发基因	可誘發基因
induction	诱发	誘發
inert hypopus	不活动休眠体	不活動遷移體
infection	感染	感染
infection phase	感染期	感染期
infective juvenile	侵染期幼虫	感染期幼蟲
infectivity	感染力	感染力
inferior orbitals	下眶鬃	下眶剛毛
inferior pleurotergite	下侧背片	下側背片
infestation	侵袭	侵染
infochemicals(=semiochemicals)	信息化学物质	資訊化學物質
information flow	信息流	資訊流
infracapitular apodeme(=capitular apodeme)	颚内突	顎内突
infracapitular bay(=capitular bay)	颚[基]湾	顎[基]灣
infracapitular gland	颚腺	顎腺
infracapitular rostrum	颚喙	顎喙
infracapitulum	颚底	亞顎體(**顎底**)
infracapitulum furrow	颚缝	顎底縫
infraepimeron(=hypopleuron)	下后侧片	下後側片
infraepisternum(=katepisternum)	下前侧片	下前側片
infraspecific category	种下阶元	種内階元
infunda(=salivary pump)	唾液泵	唾液泵
ingluvial ganglion	嗉囊神经节	嗉囊神經球,胃神經球
ingroup	内群	内群
inherited disease	遗传病	遺傳病
inhibition	抑制作用	抑制作用
initiatorin	熟精内肽酶	熟精内肽酶
initiatorin inhibitor	熟精内肽酶抑制素	熟精内肽酶抑制素
innate behavior	先天行为	先天行爲
inner lobe of palpal base	颚基内叶(**须基内叶**)	鬚基内葉
inner margin	[翅]内缘	内緣
inner membrane(=capsid)	内膜(=壳体)	
inokosterone	牛膝蜕皮酮	牛膝蛻皮酮
inquiline	寄食昆虫	客居生物
Insecta	昆虫纲	昆蟲綱
insect behavior (=insect ethology)	昆虫行为学	昆蟲行爲學

英 文 名	大 陆 名	台 湾 名
insect biochemistry	昆虫生物化学	昆蟲生物化學
insect biogeography	昆虫生物地理学	昆蟲生物地理學
insect biology(= insect bionomics)	昆虫生物学	昆蟲生物學
insect bionomics	昆虫生物学	昆蟲生物學
insect cytogenetics	昆虫细胞遗传学	昆蟲細胞遺傳學
insect dietetics	昆虫食谱学	昆蟲食譜學
insect ecology	昆虫生态学	昆蟲生態學
insect embryology	昆虫胚胎学	昆蟲胚胎學
insect ethology	昆虫行为学	昆蟲行爲學
insect growth regulator(IGR)	昆虫生长调节剂	昆蟲生長調節劑
insecticide tolerance	耐药性	耐藥性
insecticyanin	虫青素	蟲青素
insect immunogen	昆虫免疫原	昆蟲抗原
insectivore	食虫类	食蟲類
insectivorous plant	食虫植物(**食肉植物**)	食肉植物,食蟲植物
insect molecular biology	昆虫分子生物学	昆蟲分子生物學
insect morphology	昆虫形态学	昆蟲形態學
insect morphometrics	昆虫形态测量(**昆虫形态测量学**)	昆蟲形態測量學
insect neuropeptide	昆虫神经肽	昆蟲神經肽
insectorubin	虫红素	蟲紅素
insectoverdin	虫绿素	蟲綠素
insect pathology	昆虫病理学	昆蟲病理學
insect pharmacology	昆虫药理学	昆蟲藥理學
insect physiology	昆虫生理学	昆蟲生理學
insect resources	昆虫资源	昆蟲資源
insect spermatology	昆虫精子学	昆蟲精子學
insect systematics	昆虫系统学	昆蟲系統分類學
insect technology	昆虫技术学	昆蟲技術學
insect toxicology	昆虫毒理学	昆蟲毒理學
insect ultrastructure	昆虫超微结构	昆蟲超微結構
insensitivity	不敏感性	不敏感性
insensitivity index	不敏感指数	不敏感指數
in situ conservation	就地保育	就地保育
in situ gene bank	就地基因库	就地基因庫
instar	龄	龄
integrated pest control	有害生物综合防治	有害生物综合防治
Integripalpia	完须亚目	完鬚亞目

英　文　名	大　陆　名	台　灣　名
integument	体壁	體壁
integumental nervous system	体壁神经系统	體壁神經系
integumental scolophore(=scolophore)	体壁弦音器(=具撅神经胞)	接皮導音器(=導音管)
interantennal wedge	触角间楔	觸角間楔
intercalary plate	插入板	加插板
intercalary seta	间毛	間毛
intercalary vein	闰脉,间插脉	插脈
intercaste	间级	中間型
intercoxal plate	基[节]间板	基節間板
interfrontal bristle	间额鬃	間額剛毛
interfrontalia	间额	額間帶
interlamellar seta	叶间毛	葉間毛
intermedial seta(=intercalary seta)	间毛	間毛
intermediate chordotonal organ	间弦音器	間弦音器
internal chiasma	内交叉	内叉形神經
internal genual seta	内膝毛	内膝毛
internal medullary mass(拉 medulla interna,=opticon)	视内髓	視内髓
interneuron	中间神经元	交連神經原
interoceptor	内感受器	内感器
interommatidial angle	小眼间角	小眼間角
interpalpal seta	须[肢]间毛	鬚間毛
intersegmental fold	节间褶	節間褶
intersegmental membrane	节间膜	節間膜
intersex	雌雄间性	中間性(**雌雄間性**)
interspecific competition	种间竞争	種間競爭
intersternite	间腹片	間腹片
intervalvula(复 intervalvulae)	内产卵瓣	内產卵瓣
intervalvulae(单 intervalvula)	内产卵瓣	内產卵瓣
intestinal acariasis	肠螨症	腸螨症
intimate membrane(=capsid)	内膜(=壳体)	
intraalar bristle	翅内鬃	翅基内側毛列
intraspecific competition	种内竞争	種内競爭
intrinsic rate of increase	内禀增长率	内在增殖率
intrinsic toxicity	内在毒性	内在毒性
intromittent organ (=penis)	插入器	陰莖
invalid name	无效名	無效名

英　文　名	大　陆　名	台　灣　名
invasive species	入侵种	入侵種
in vitro metabolism	离体代谢	離體代謝,試管代謝
ionic channel	离子通道	離子通道
ion transport peptide	离子转运肽	離子運送肽
ipsdienol	齿小蠹二烯醇	齒小蠹二烯醇
ipsenol	齿小蠹烯醇	齒小蠹烯醇
iridescent virus	虹彩病毒	虹彩病毒
iridescent virus disease	虹彩病毒病	虹彩病毒病
iridodial	琉蚁二醛	琉蟻二醛
iris cell	虹膜细胞	虹彩細胞
iris pigment cell(=iris cell)	虹膜色素细胞(=虹膜细胞)	虹彩色素細胞(=虹彩細胞)
iris tapetum	虹膜反光层	虹彩色素層
irreversible inhibitor	不可逆抑制剂	不可逆抑制劑
irritant	刺激素	刺激素
Ischnocera	丝角亚目	顯角亞目
Isomera	等跗类	同節類(**等跗類**)
isonitrogenous diet	等氮饲料	等氮飼料
isoparthenogenesis	等孤雌生殖	等孤雌生殖
Isoptera	等翅目	等翅目
isotypic genus	同模属	同模屬
isozyme	同工酶	同功異構酶
Ixodida	蜱目	蜱亞目,真蜱

J

英　文　名	大　陆　名	台　灣　名
japanilure	日本丽金龟性诱剂	日本麗金龜引誘劑
jaundice(=grasserie)	脓病,黄疸病	膿病
JH(=juvenile hormone)	保幼激素	青春激素
JHA(=JH analogue)	保幼激素类似物	青春激素類似物
JH analogue(JHA)	保幼激素类似物	青春激素類似物
JH binding protein	保幼激素结合蛋白	青春激素結合蛋白
JH esterase	保幼激素酯酶	青春激素酯酶
JH mimic(=JH analogue)	保幼激素类似物	青春激素類似物
juga(单 jugum)	①上颚片 ②翅轭	①大顎片(**上顎片**) ②翅垂脈
jugal bar(=jugal vein)	轭脉	翅垂脈

英　文　名	大　陆　名	台　灣　名
jugal fold	轭褶	翅垂褶
jugal region	轭区	翅垂
jugal vein	轭脉	翅垂脈
Jugatae	翅轭亚目	翅軛亞目
jugularia（单 jugularium）	颈板	頸板
jugularium（复 jugularia）	颈板	頸板
jugular plate（=jugularium）	颈板	頸板
jugular shield（=jugularium）	颈板	頸板
jugum（复 juga）	①上颚片（=mandibular plate）②翅轭	①大顎片（**上顎片**）（=mandibular plate）②翅垂脈
juice sucker（=sap feeder）	吸液汁类	吸汁液類
juvabione	保幼冷杉酮	青春酮（**保幼冷杉酮**）
juvenile hormone（JH）	保幼激素	青春激素
juvenoid（=JH analogue）	保幼激素类似物	青春激素類似物
juvocimene	保幼罗勒烯	青春羅勒烯
juxta（=anellus）	阳茎端环	陰莖套

K

英　文　名	大　陆　名	台　灣　名
kairomone	益它素	開洛蒙
kappa（=palpiger）	负唇须节	擔鬚節
karyotype	核型	核型
katatrepsis（=catatrepsis）	胚体下降	胚體下降
katepimeron（=hypopleuron）	下后侧片	下後側片
katepisternum	下前侧片	下前側片
KD_{50}（=median knock-down dosage）	击倒中量	半數擊倒劑量
kdr（=knock down resistance）	击倒抗性	抗擊倒性
Keifer's solution	凯氏液	凱氏液
kermes	胭脂	胭脂
kermesic acid	胭脂酮酸	胭脂酮酸
key	检索表	分類檢索表
keystone species	关键种	關鍵種
kinesis	动态	動態
kin group	家族群	家族群
kin selection	亲缘选择	親緣選汰
klinokinesis	调转动态	調轉動態

英　文　名	大　陆　名	台　灣　名
klinotaxis	调转趋性	調轉趨性
knobbed claw	端球爪	端球爪
knock down resistance(kdr)	击倒抗性	抗擊倒性
knock down resistance gene	抗击倒基因	抗擊倒性基因
Koenike's solution	柯氏液	柯氏液
k-selection	K 选择	K 選擇
k-strategist	K 对策者	K 對策者
KT_{50}(=median knock-down time)	击倒中时	半數擊倒時間
Kyasanur forest disease	凯萨努森林病	凱薩努森林病

L

英　文　名	大　陆　名	台　灣　名
labella(单 labellum)	唇瓣	唇瓣
labellum(复 labella)	唇瓣	唇瓣
labial ganglion	下唇神经节	下唇神經球
labial gland	下唇腺	下唇腺
labial palp	下唇须	下唇鬚
labides(单 labis)	钩形突	長鋏
labio-maxillary complex	下颚下唇复合体	小顎下唇複合體(下顎下唇複合體)
labipalp(=labial palp)	下唇须	下唇鬚
labis(复 labides)	钩形突	長鋏
labium	下唇	下唇
labral nerve	上唇神经	上唇神經
labral sensillum	上唇感器	上唇感器
labrum	上唇	上唇
labrum-epipharynx	上内唇	上唇上咽頭
lac	紫胶	蟲膠
laccaic acid	紫胶酸	蟲膠酸
laccase	虫漆酶	蟲膠酶
laccose	紫胶糖	蟲膠糖
lacinella	内颚侧叶	內顎側葉
lacinia(复 laciniae)	①胸叉丝 ②内颚叶	①[胸]叉絲,内葉 ②内顎葉
lacinia convoluta	卷喙	卷喙
laciniae(单 lacinia)	①胸叉丝 ②内颚叶	①[胸]叉絲,内葉 ②内顎葉

英　文　名	大　陆　名	台　灣　名
lamella(复 lamellae)	①叶 ②瓣尖(水螨)	①片 ②瓣突(水螨)
lamella antevaginalis	前阴片	前陰片
lamellae (单 lamella)	①叶 ②瓣尖(水螨)	①片 ②瓣突(水螨)
lamella postvaginalis	后阴片	後陰片
lamellar seta	叶毛	葉毛
Lamellicornia	鳃角类	葉角類
lamellocyte	叶状血细胞	葉狀血細胞
Langat encephalitis	兰加特脑炎	蘭加特腦炎
lanigern	蚜橙素	蚜橙素
lapping mouthparts(=licking mouthparts)	舐吸式口器	舐吮式口器
Laprosticti	侧气门类	側氣門類
larva(复 larvae)	①幼虫 ②幼螨 ③幼蜱	①幼蟲 ②幼螨 ③幼蜱
larvae(单 larva)	①幼虫 ②幼螨 ③幼蜱	①幼蟲 ②幼螨 ③幼蜱
larval serum protein(LSP, =storage protein)	幼虫血清蛋白(=贮存蛋白)	
latent infection	潜伏性感染	潛伏性感染
latent learning	潜伏学习	潛伏學習
lateral cervicale	侧颈片	頸側片
lateral eye	侧眼	側眼
lateral groove	侧沟	側溝
lateral integument	侧壁	體側壁(**側壁**)
lateral lip	侧唇	側唇
lateral muscle(拉 musculus lateralis)	侧肌	側肌
lateral nerve cord	侧神经索	側神經索
lateral ocellus(=stemma)	侧单眼	側單眼
lateral oviduct(拉 oviductus lateralis)	侧输卵管	側輸卵管
lateral pharyngeal gland(=hypopharyngeal gland)	咽下腺,王浆腺	下咽喉腺,側咽喉腺
lateral postanals	肛后侧毛	肛後側毛
laterals	侧毛	側毛
lateral scutellar bristle	小盾侧鬃	小楯側剛毛
lateral seta(=laterals)	侧毛	側毛
lateral suture	侧沟	側縫
lateral tibial seta	胫侧毛	脛側毛
lateral tracheal trunk	侧气管干	側氣管幹
laterocervicalia(=lateral cervicale)	侧颈片	頸側片
lateroglandularia	侧腺毛	側腺毛
latero-opisthosomal gland	末体侧腺	末體側腺

英　文　名	大　陆　名	台　灣　名
lateropleurite	侧侧片	側側片
lateroposterior flap	后侧瓣	後側瓣
laterosternite	侧腹片	側腹板
laterotergite(=pleurotergite)	侧背片	側背板
law of effective accumulative temperature	有效积温法则	有效積溫律
law of priority	优先律	優先律
LC$_{50}$(=median lethal concentration)	致死中浓度	半數致死濃度
LD$_{50}$(=medium lethal dose)	半数致死量,致死中量	致死中量
LD-P line(=log dosage probability line)	剂量对数–机值回归线	劑量對數機率線
leaf-dipping method	叶浸渍法	葉浸施藥法,葉浸漬法
learned behavior	后天行为	後天行爲
learning	学习	學習
lectin	血细胞凝集素	血細胞凝集素
lectotype	选模	選模
leg-fin	足鳍	足鰭
leg socket	足窝	足盾凹(**足窝**)
lentic ecosystem	静水生态系统	静水生態系
Lepidoptera	鳞翅目	鱗翅目
lepis(=scale)	鳞片	鱗片
Leptopodomorpha	细蜻次目	細腳椿象部
lethal synthsis	致死性合成	致死性合成
leucokinin	蜚蠊肌激肽	蜚蠊肌激肽
leucopterine	白蝶呤	白蝶呤
leucosulfakinin	蜚蠊硫激肽	蜚蠊硫激肽
licking mouthparts	舐吸式口器	舐吮式口器
life cycle	生命周期,生活周期	生命環,生活週期
life history	生活史	生活史
life table	生命表	生命表
light adaptation	光适应	光適應
light-compass orientation	光罗盘定向	光羅盤定向
ligula	唇舌	真下唇
limiting factor	限制因子	限制因數
lipochrome	脂色素	脂色素
lipofuscin	脂褐质	脂褐質
lipophorin	载脂蛋白	載脂蛋白
lipovitellin	脂卵黄蛋白	脂卵黃蛋白
lobula plate	小叶板	小葉板
locking flange	锁突	鎖突

英　文　名	大　陆　名	台　湾　名
locomotor activity rhythm	动作节律	活動節律
locus	基因座	基因座
locustamyosuppresin	蝗抑肌肽	蝗抑肌肽
locustamyotropin	蝗促肌肽	蝗促肌肽
locustapyrokinin	蝗焦激肽	蝗焦激肽
locustasulfakinin	蝗硫激肽	蝗硫激肽
locustatachykinin	蝗速激肽	蝗速激肽
log dosage probability line(LD-P line)	剂量对数–机值回归线	劑量對數機率線
logistic curve	逻辑斯谛曲线	推理曲線
long-day insect	长日照昆虫	長日照昆蟲
longitudinal vein	纵脉	縱脈
looplure	粉纹夜蛾性诱剂	尺蠖蛾性誘劑
lora(单 lorum)	①下颚片 ②舌侧片	①小顎片 ②角片
Lorsch disease	洛氏病	洛氏病
lorum(复 lora)	①颚片下(=maxillary plate) ②舌侧片	①小顎片(=maxillary plate) ②角片
lotic ecosystem	流水生态系统	流水生態系
lower squama	下腋瓣	下腋瓣
LSP(=larval serum protein)	幼虫血清蛋白(=贮存蛋白)	
LT_{50}(=median lethal time)	致死中时	半數致死時間
luciferase	萤光素酶	螢光素酶
luciferin	萤光素	螢光素
luminescence	萤光	螢光
luminous pseudopupil	发光伪瞳孔	發光偽瞳孔
Lundlad's solution	伦氏液	倫氏液
lunula(复 lunulae)	新月片	新月小區,新月楯
lunulae(单 lunula)	新月片	新月小區,新月楯
lunule(=lunula)	新月片	新月小區,新月楯
lunulet(=lunula)	新月片	新月小區,新月楯
lure	诱芯,诱饵	誘餌
Lyme disease	莱姆病	萊姆病
lyocytosis	溶泡作用	溶泡作用
Lyonnet's gland	列氏腺	列氏腺
lyrifissure(=lyriform organ)	隙状器	隙狀器
lyriform fissure(=lyriform organ)	隙状器	隙狀器
lyriform organ	隙状器	隙狀器

M

英　文　名	大　陆　名	台　灣　名
mAChR(=muscarinic receptor)	蕈毒碱性受体	蕈毒鹼性受體
macrochaeta(=heavy seta)	大毛,巨毛	巨毛
macro-consumer	大型消耗者	大型消耗者
Macrolepidoptera	大蛾类	大蛾類
macrosclerosae	巨板型	巨板型
macrotaxonomy	大分类学	大分類學
macrotrichia(=seta)	刚毛	剛毛,長毛
macula	气门斑	氣門斑
maculation(=sculpture)	刻纹	斑紋
makisterone A	罗汉松甾酮 A	羅漢松固酮 A
malar space	颚眼距(**颚基间距**)	顎基間部(**顎基間距**)
Malaya disease	马来亚病	馬來亞病
male annihilation	雄虫灭绝	滅雄
malleoli(=halter)	平衡棒	平衡棍
Mallophaga	食毛目	食毛目
Malpighian tube	马氏管	馬氏小管
mandible	上颚	大顎(**上顎**)
mandibular ganglion	上颚神经节	大顎神經球
mandibular gland	上颚腺	大顎腺
mandibular lever	上颚杆	大顎桿(**上顎桿**)
mandibular plate	上颚片	大顎片(**上顎片**)
Mandibulata	有颚类	有顎類
manica	阳茎鞘	陰莖鞘
man-made ecosystem(=artificial ecosystem)	人工生态系统	人工生態系
manna	蜜露	蜜露
Mantodea	螳螂目	螳螂目
manubrium	弹器基	彈器基
MAO(=monoamine oxidase)	单胺氧化酶	單胺氧化酶
marginal groove	缘沟	緣溝
marginalin	臀腺素	臀腺素
marginal scutellar bristle	小盾缘鬃	小楯緣剛毛
marginal seta	缘毛	緣毛

英　文　名	大　陆　名	台　灣　名
marking pheromone	标记信息素	標記費洛蒙
mark-recapture method	标记重捕法	標記再捕法
mass trapping	大量诱捕法	大量誘捕法
mastibial seta(=mastitibiala)	胫鞭毛	脛鞭毛
mastifemorala	股鞭毛	腿鞭毛
mastifemoral seta(=mastifemorala)	股鞭毛	腿鞭毛
mastigenuala	膝鞭毛	膝鞭毛
mastigenual seta(=mastigenuala)	膝鞭毛	膝鞭毛
mastitarsala	跗鞭毛	跗鞭毛
mastitarsal seta(=mastitarsala)	跗鞭毛	跗鞭毛
mastitibiala	胫鞭毛	脛鞭毛
maternal effect gene	母体效应基因	母體效應基因
mating disruption	交配干扰	交配干擾
mating flight(=nuptial flight)	婚飞	婚飛,求婚飛翔
matrone	配偶素	配偶素
maxilla(复 maxillae)	下颚	小顎(下顎)
maxillae (单 maxilla)	下颚	小顎(下顎)
maxillary ganglion	下颚神经节	小顎神經球
maxillary gland	下颚腺	小顎腺
maxillary lever	下颚杆	小顎桿(下顎桿)
maxillary palp	下颚须	小顎鬚(下顎鬚)
maxillary plate	下颚片	小顎片(下顎片)
maximal permissible intake(MPI)	最大可摄取量	最高攝取容許量
MD(=mitochondrial derivative)	副核, 副晶体	粒線體衍生物
mean crowding	平均拥挤度	平均擁擠度
meconium	蛹便	蛹便
Mecoptera	长翅目	長翅目
medalaria	前背翅突	前背翅突
media	中脉	中脈
medial crossvein	中横脉	中脈橫脈
medial fracture	中裂	中裂
medial segment(=propodeum)	并胸腹节)	前伸腹節(**併胸腹節**)
medial shield	中板	中板
median cell(=discoidal cell)	中室	中室
median cercus(=caudal filament)	中尾丝	中尾毛
median effective concentration(EC_{50})	有效中浓度	有效中濃度
median genuala	中膝毛	中膝毛
median inhibitory concentration(I_{50})	抑制中浓度	半數抑制濃度

英　文　名	大　陆　名	台　灣　名
median knock-down dosage(KD_{50})	击倒中量	半數擊倒劑量
median knock-down time(KT_{50})	击倒中时	半數擊倒時間
median lethal concentration(LC_{50})	致死中浓度	半數致死濃度
median lethal time(LT_{50})	致死中时	半數致死時間
median nerve cord	中神经索	中神經索
median ocellus	中单眼	中單眼
median oviduct	中输卵管	中輸卵管
median plate	①中片 ②中板(=me- dial shield)	中板
median tibiala	中胫毛	中脛毛
medical acarology	医学蜱螨学	醫學蜱蟎學,醫用蟎蜱 學
medical entomology	医学昆虫学	醫用昆蟲學(**醫學昆蟲 學**)
mediotergite	中背片	中背板
medioventral metapodosomal seta	后足体腹中毛	後足體腹中毛
medioventral opisthosomal seta	末体腹中毛	末體腹中毛
medioventral propodosomal seta	前足体腹中毛	前足體腹中毛
medium effective dose(ED_{50})	有效中量	有效中量
medium lethal dose(LD_{50})	半数致死量,致死中量	致死中量
medulla externa(拉, =epiopticon)	视外髓	視外髓
medulla interna(拉, =opticon)	视内髓	視內髓
Megaloptera	广翅目	廣翅目
melanism	黑化	黑化
melanosis	黑化病	黑變病
melittephile	嗜蜜者	嗜蜜者
melittin	蜂毒溶血肽	蜂毒溶血肽
membrane	膜片	膜
memory	记忆	記憶
Mengenillidia	原螐亚目	三枝五節蟲亞目
menotaxis	恒向趋性	恒向趨性
mentotectum	颏盖	頦蓋
mentum	颏	下唇基節
mentum seta	颏毛	頦毛
mera(单 meron)	后基片	後基片
meridic diet	半纯饲料	半純飼料
meroblastic division	局部卵裂	局部卵裂
merocrine secretion(=merocriny)	局部分泌	局部分泌

英　文　名	大　陆　名	台　灣　名
merocriny	局部分泌	局部分泌
meroistic ovariole	具滋卵巢管	滋養型微卵管
meron(复 mera)	后基片	後基片
mesenteron（拉，=midgut）	中肠	中腸
mesocuticle	中表皮	中表皮
mesodermal tube(=dorsal blood vessel)	中胚管(=背血管)	中胚管(=背管)
mesogynal plate	中殖板	中殖板
mesogynal shield(=mesogynal plate)	中殖板	中殖板
mesonotal scutellum	中背小盾片	中背小盾片
mesonotal shield	中背板	中背板
mesonotum	中胸背板	中胸背板
mesopleural bristle	中侧片鬃	中側板剛毛
mesopleura（单 mesopleuron）	中胸侧板	中胸側板
mesopleuron（复 mesopleura）	中胸侧板	中胸側板
mesosoma（复 mesosomata）	中躯	中軀
mesosomata（单 mesosoma）	中躯	中軀
mesosternum	中胸腹板	中胸腹板
Mesostigmata	中气门目	中氣門亞目
mesothorax	中胸	中胸
metabolic resistance	代谢抗性	代謝抗性
metacephalon	下后头	下後頭
metamera （=segment）	体节	體節
metamorphosis	变态	變態
metanotum	后胸背板	後胸原背板
metapleura（单 metapleuron）	后胸侧板	後胸側板
metapleuron（复 metapleura）	后胸侧板	後胸側板
metapodalia	足后板	足後板
metapodal plate(=metapodalia)	足后板	足後板
metapodal shield(=metapodalia)	足后板	足後板
metapodosoma	后足体	後足體[部]
metapopulation	异质种群	互通族群
metasoma	①后躯 ②腹部(=ab- domen)	①後軀 ②腹部 （=abdomen）
metasternal plate	胸后板	胸後板
metasternal seta	胸后毛,第四胸毛	胸後毛
metasternal shield(=metasternal plate)	胸后板	胸後板
metasternum	①后胸腹板 ②胸后板 （=metasternal plate）	①後胸腹板 ②胸後板 （=metasternal plate）

英　文　名	大　陆　名	台　灣　名
metatarsus	后蹠节	後蹠節
metathetely	后成现象	後成現象
metathorax	后胸	後胸
metatype	后模	後模
metochy	客栖	客棲
metopic suture（＝coronal suture）	冠缝	頭縫幹
microbial control	微生物防治	微生物防治
microbial insecticide	微生物杀虫剂	微生物殺蟲劑
microbial pesticide（＝microbial insecti- 　cide）	微生物杀虫剂	微生物殺蟲劑
microchaeta	微毛	微毛
microclimate	微小气候,小气候（**微 　气候**）	微氣候
micro-consumer	小型消费者	小型消耗者
Microcoryphia（＝Archaeognatha）	石蛃亚目,石蛃目	石蛃亞目
microcosm	微宇宙	微環境（**微宇宙**）
microcycle conidiation	微循环产孢	微循環產孢
microcyte	小原血细胞	小血細胞
microfeeding	微量喂饲	微量飼喂
microgenuala（＝microgenual seta）	微膝毛	微膝毛
microgenual seta	微膝毛	微膝毛
microhabitat	小生境	微棲地,微棲所
Microlepidoptera	小蛾类	小蛾類
micronucleocyte	小核浆细胞	小核細胞
microphytophagous mites	微植食性螨类	微植食性蟎類
microplasmatocyte	小浆细胞	小漿細胞
micropyle	精孔	精孔
microsomal mixed function oxidases	微粒体多功能氧化酶系	微粒體多功能氧化酶系
microsomal mono-oxygenase system	微粒体单氧酶系	微粒體單氧酶系
microsporidiosis	微孢子虫病	微孢子蟲病
microsporidium	微孢子虫	微孢子蟲
microspur	微距	微距
microtaxonomy	小分类学	小分類學
microtibiala	微胫毛	微脛毛
microtibial seta（＝microtibiala）	微胫毛	微脛毛
microtrichia	微刺	微毛
microtubercle	微瘤	微瘤
microvilli	微绒毛	絨毛

英　文　名	大　陆　名	台　湾　名
microvitellogenin	微卵黄原蛋白	微卵黃原蛋白
middle leg	中足	中足
mid-facial groove	中颜沟	中顏溝
mid-facial plate	中颜板	中顏板
midgut	中肠	中腸
midgut hormone	中肠激素	中腸激素
midleg(= middle leg)	中足	中足
migration	迁移	遷徙
milky disease	乳状菌病	乳化病
mimetic polymorphism	模拟多态	仿真多態
mimetic synoëkete	拟态客虫	擬態客蟲
mimicry	拟态	擬態
minimum effective dose	最低有效剂量	最低有效劑量
minimum lethal dose(MLD)	最低致死剂量	最低致死劑量
minimum viable population	最小存活种群	最小存活族群
mite island	螨岛	蟎島
mite sensitivity	螨性变态反应	蟎敏感
mitochondrial derivative(MD)	副核，副晶体	粒線體衍生物
mixed infection	混合感染	混合感染
MLD(= minimum lethal dose)	最低致死剂量	最低致死劑量
mobbing	聚扰	聚擾
mobility	移动性	移動性
mode of action	作用方式	作用機制
mola	臼齿	磨面
molecular systematics	分子系统学	分子系統學
molecular target	分子靶标	分子標的物
monitoring for resistance	抗药性监测	抗藥性監測
monoamine oxidase(MAO)	单胺氧化酶	單胺氧化酶
monocoitic species	单交种类(**单交种**)	單交物種(**單交種**)
monogamy	单配生殖	單配偶
monogynous colony	单王群	單王群
monooxygenase	单加氧酶	單氧酶
monophagy	单食性	單食性
monophyly	单系	單源系
monoqueen colony(= monogynous colony)	单王群	單王群
Monotrysia	单孔亚目	單孔亞目
monotrysian type	单孔式	單孔式
monotypic genus	单模属	單模屬

英 文 名	大 陆 名	台 湾 名
monoxenous parasitism	单主寄生	單一寄生
Monura	单尾目	單尾目
morph	型	型
morphopathology	病理形态学,形态病理学	形態病理學
mortality	死亡率	死亡率
mosaic control	镶嵌式防治	鑲嵌式防治
motility	活动力	活動力
motion parallax	运动视差	移動視差
motor neuron(=efferent neuron)	运动神经元(=传出神经元)	運動神經原(=離心神經原)
mould feeder	食菌类	食菌類
moult	蜕皮	蛻皮
moulting cycle	蜕皮周期	蛻皮週期
moulting fluid(=ecdysial fluid)	蜕皮液	蛻皮液
moulting gland(=exuvial gland)	蜕皮腺	蛻皮腺
mouth	口	口
mouth cavity(=preoral cavity)	口前腔	口前腔
mouth hooks(=oral hooks)	口钩	口鉤
mouthparts	口器	口器
movable digit	动趾	動趾
movable pteromopha	可动型翅形体	可動型翅形體
MPI(=maximal permissible intake)	最大可摄取量	最高攝取容許量
mucro	端节	端節
Müllerian mimicry	米勒拟态	米勒擬態
Müller's organ	米勒器	米勒器
multicoitic species	多交种类(多交种)	多交物種(多交種)
multilure	波纹小蠹诱剂	波紋小蠹誘劑
multiordinal crochets	复序趾钩	複序趾鉤
multiparasitism(=synparasitism)	共寄生	共寄生
multiple embedded virus	多粒包埋型病毒	多包埋病毒
multiple resistance	多种抗药性	多態抗藥性
multistate character	多态性状	多態特徵
muscalure	家蝇性诱剂	家蠅性誘劑
muscarinic receptor(mAChR)	蕈毒碱性受体	蕈毒鹼性受體
muscaronic receptor	蕈毒酮样受体	蕈毒酮樣受體
muscularis (拉)	鞘肌	肌肉包鞘
musculus abductor (拉, =abductor)	展肌	外轉肌

英 文 名	大 陆 名	台 灣 名
musculus adductor（拉，=adductor）	收肌	內轉肌
musculus alaris（拉，=alary muscle）	心翼肌	翼狀肌
musculus doralis（拉，=dorsal muscle）	背肌	背肌
musculus lateralis（拉，=lateral muscle）	側肌	側肌
musculus transversalis（拉，=transverse muscle）	橫肌	橫肌
musculus ventralis（拉，=ventral muscle）	腹肌	腹肌
musculus viscerum（拉，=visceral muscle）	臟肌	內臟肌
mushroom body	蕈状体	蕈形體
mutagenicity	突变性	致變性
mutant aliesterase	突变脂族酯酶	突變型脂族酯酶
mutualism	互利共生,互惠共生	互利共生
mycangial cavity	菌室	菌室
mycethemia	真菌菌血病	真菌菌血病
mycetocyte	含菌细胞	含菌細胞
mycetome	含菌体	含菌體
mycetometochy	蕈巢共生	蕈巢共生
mycetophagous mites	菌食性螨类	菌食性蟎類
mycophagous mites（=mycetophagous mites）	菌食性螨类	菌食性蟎類
mycoplasma	支原体	黴漿體
mycosis	真菌病	真菌病
mycotoxicosis	真菌毒素中毒症	真菌毒素中毒症
mycotoxin	真菌毒素	真菌毒素
myiasis	蝇蛆病	蠅蛆病
myocardium	心肌壁	心肌層
myotome	肌节	肌節
myrmecochory	蚁播	蟻媒傳播
myrmecoclepty	蚁客共生	蟻客共生
myrmecodomatia	植物蚁巢	植物蟻巢
myrmecophage	食蚁类	食蟻類
myrmecophile	蚁冢昆虫	蟻塚昆蟲
myrmecoxene	蚁客	蟻客
mystax（=beard）	口鬃	髭毛
Myxophaga	藻食亚目	粘食亞目

N

英　文　名	大　陆　名	台　灣　名
nAChR(=nicotinic receptor)	烟碱受体	煙鹼受體
naiad	稚虫	稚蟲
naso	前突,鼻突	前突
nasute gland	兵螆腺	鼻腺
natality	出生率	出生率
natatorial leg	游泳足	游泳足
native species(=indigenous species)	本地种	原生種,本地種
natural classification	自然分类	自然分類
natural control	自然控制	自然控制
natural ecosystem	自然生态系统	自然生態系
natural host	天然宿主	天然寄主
natural resistance	自然抗性	自然抗性
natural selection	自然选择	自然淘汰
natural suppression	自然抑制	自然抑制
neala(=jugal region)	轭区	翅垂
Nearctic Realm	新北界(新北区)	新北區
necrophagous mites	尸食性螨类	屍食性蟎類
nectarivore	食蜜类	食蜜類
negative binomial distribution	负二项分布	負二項分佈
negative cross-resistance	负交互抗性	負交互抗性
negative feedback	负反馈	負回饋
negative log of I_{50}(pI_{50})	I_{50}负对数	I_{50}負對數
Nematocera	长角亚目	長角亞目
nematodiasis	线虫病	線蟲病
Nemocera(= Nematocera)	长角亚目	長角亞目
neoallotype	新配模	新配模
Neomecoptera	新长翅亚目	新長翅亞目
Neoptera	新翅类	新翅類
neosomy	新体现象	新體現象
neoteinia(=neoteny)	幼态延续	幼態持續
neotenia(=neoteny)	幼态延续	幼態持續
neoteny	幼态延续	幼態持續
neotrichy	新毛,增生毛	增生毛

英　文　名	大　陆　名	台　灣　名
Neotropical Realm	新热带界(新热带区)	新熱帶區
neotype	新模	新模
nephrocyte	集聚细胞(排泄细胞)	排泄細胞
Nepomorpha	蝎蝽次目	隱角椿象部
nereistoxin insecticides	沙蚕毒类杀虫剂	類沙蠶毒殺蟲劑
nervous integration	神经整合作用	神經整合作用
nervulation(= venation)	脉序,脉相	脈相
nervure(= vein)	翅脉	翅脈
nervus corpusis allatica（拉）	咽侧体神经	咽喉側腺神經
nervus corpusis cardiacus（拉）	心侧体神经	心臟內泌體神經
nest clarifying	清巢	清巢
nest symbionts	巢内共生物	巢內共生物
net reproductive rate	净繁殖率	淨繁殖率
neuration(= venation)	脉序,脉相	脈相
neurohaemal organ	神经血器官	神經血器官
neuromodulator	神经调质	神經調節物質
neuroparsin	蝗抗利尿肽	蝗抗利尿肽
Neuroptera	脉翅目	脈翅目
neurosecretion	神经分泌作用	神經分泌作用
neurosecretory cell	神经分泌细胞	神經分泌細胞
neurotoxic esterase(NTE)	神经毒性酯酶	神經毒性酯酶
neurotoxin	神经毒素	神經毒素
neurotransmitter	神经递质	神經傳遞物質
neutralism	中性作用	中性作用,中性理論
neutral synoëkete	中性客虫	中性客蟲
new genus(n. gen.)	新属	新屬
new species(n. sp.)	新种	新種
Neyman distribution	奈曼分布	奈曼分佈
n. gen. (= new genus)	新属	新屬
niche(= ecological niche)	生态位	生態席位
niche differentiation	生态位分化	生態席位分化
niche overlap	生态位重叠	生態席位重疊
nicotinic receptor(nAChR)	烟碱受体	煙鹼受體
nidi（单 nidus）	胞窝,再生胞囊	再生細胞
nidification	筑巢	築巢
nidus(复 nidi)	胞窝,再生胞囊	再生細胞
nikkomycin	日光霉素	日光黴素
nitrergic neuron	氧化氮能神经元	氧化氮能神經原

英 文 名	大 陆 名	台 灣 名
nitroalkene	蟎硝基烯	蟎硝基烯
nitro-reductase	硝基还原酶	硝基還原酶
node	①分支点 ②结脉	①分支點 ②翅切,小節
nodi（单 nodus）	结脉	翅切,小節
nodus（复 nodi，＝node）	结脉	翅切,小節
nomadic phase	迁徙期	遷徙期
nom. dub.（＝nomen dubium）	疑名	疑名
nomenclature	命名法	命名法
nomen conservandum（拉）	保留名	保留名
nomen dubia（单 nomen dubium）	疑名	疑名
nomen dubium（拉，复 nomen dubia， nom. dub.）	疑名	疑名
nomen novum（拉，复 nomina nova, nom. nov.）	新名	新名
nomen nudum（拉，复 nomina nuda， nom. nud.）	无记述名,裸名	無效名
nomen oblitum（拉）	遗忘名	遺忘名
nominal taxon	指名单元	指名分類單元
nomina nova（单 nomen novum）	新名	新名
nomina nuda（单 nomen nudum）	无记述名,裸名	無效名
nom. nov.（＝nomen novum）	新名	新名
nom. nud.（＝nomen nudum）	无记述名,裸名	無效名
nonhomologus synapomorphy	非同源共同衍征	異源性同裔徵
noninclusion virus	非包含体病毒	非包涵體病毒,非包理性病毒
non-linear system	非线性系统	非線性系統
nonoccluded virus（＝noninclusion virus）	非包含体病毒	非包涵體病毒,非包理性病毒
normal seta（＝ordinary seta）	常毛	正常毛
nosema disease	蜜蜂微粒子病	微粒子病(**蜜蜂微粒子病**)
nosemosis	微粒子病	微粒子病
nota（单 notum）	背板	背板
notogaster	后背板,背腹板	後背板
notogastral seta	后背板毛	後背板毛
notopleural bristle	背侧片鬃	背側片剛毛
notopleural suture	背侧沟	背側縫
notopleura（单 notopleuron）	背侧片	背側片

英 文 名	大 陆 名	台 灣 名
notopleuron（复 notopleura）	背侧片	背側片
Notostigmata	背气门目	背氣門目
notum（复 nota，＝tergum）	背板	背板
NPV（＝nucleopolyhedrosis virus）	核型多角体病毒	核多角體病毒
n. sp. （＝new species）	新种	新種
NTE（＝neurotoxic esterase）	神经毒性酯酶	神經毒性酯酶
nucleocapsid	核壳体，核衣壳	核蛋白鞘
nucleoid（＝core）	髓核	核軸
nucleopolyhedrosis	核型多角体病	核多角體病
nucleopolyhedrosis virus（NPV）	核型多角体病毒	核多角體病毒
numerical response	数值反应	數值反應
numerical taxonomy	数值分类学	數值分類學
nuptial feeding（＝courtship feeding）	婚食	婚食
nuptial flight	婚飞	婚飛，求婚飛翔
nurse cell（＝trophocyte）	滋养细胞	滋養細胞
nutritional specialization	营养性特化	營養特異性
nutritive cord	滋养索	滋養索
nymph	若虫	若蟲
nymphochrysalis	若蛹	若蛹
nymphophan	第一蛹	第一蛹

O

英 文 名	大 陆 名	台 灣 名
obligate parthenogenesis	专性孤雌生殖	偏性孤雌生殖（**專性孤雌生殖**）
obligate pathogen	专性病原体	專性病原體
obligate pathogenic bacteria	专性病原性细菌	專性病原性細菌
obligatory diapause	专性滞育	專性滯育
obligatory parasite	专性寄生物	專性寄生物
oblique vein	斜脉	斜脈
obolongum	纵室	縱室
OBP（＝odorant binding protein）	气味结合蛋白	氣味結合蛋白
obtect pupa	被蛹	被蛹
occipital foramen（＝foramen magnum）	后头孔	後頭孔
occipital ganglion（＝hypocerebral ganglion）	后头神经节（＝脑下神经节）	後頭神經球（＝腦下神經球）
occipital sulcus	后头沟	後頭溝

英　文　名	大　陆　名	台　灣　名
occiput(=hind head)	后头	後頭部
occiput dilation(=buccal dilation)	颊隆面	頰隆面
occluded body(=inclusion body)	包含体	包涵體,包理體
occluded virus	包含体病毒	包理病毒
occult virus	潜伏型病毒	潛伏型病毒
Oceanic Realm	大洋界(大洋区)	大洋區
ocellar bristle	单眼鬃	單眼剛毛
ocellar pedicel	单眼梗	單眼神經柄
ocellar triangle	单眼三角区	單眼三角區
ocelli (单 ocellus)	单眼	單眼
ocellus(复 ocelli)	单眼	單眼
octopamine receptor	章鱼胺受体	章魚胺受體
octopaminergic agonist	章鱼胺能激动剂	章魚胺性激動劑
octotaxic organ	八孔器	八孔器
ocularia	眼毛	小眼區
ocular neuromere	视神经原节	眼神經球
ocular plate(=eye plate)	眼板	眼板
ocular shield(=eye plate)	眼板	眼板
Odonata	蜻蜓目	蜻蛉目
odontoidea	后头突	後頭突
odorant binding protein(OBP)	气味结合蛋白	氣味結合蛋白
odorant sensitive neuron	气味感觉神经元	嗅覺神經原
odoriferous gland	气味腺,臭腺	香腺,臭腺,氣味腺
odor specialist cell	特异嗅觉细胞	特異嗅覺細胞
OEH(=ovarian ecdysteroidergic hormone)	卵巢蜕皮素形成激素	卵巢蛻皮素生成激素
oesophageal commissure	食道神经连索	食道神經鏈
oesophageal diverticulum(=crop)	食道盲囊(=嗉囊)	
oesophageal lobe(=tritocerebrum)	后脑	第三大腦,食道葉
oesophageal valve	食道瓣	
oesophagus	食道	食道
off-site conservation(=*ex situ* conservation)	异地保育	異地保育
olfactometer	嗅觉仪	嗅覺儀
olfactory conditioning	嗅觉条件化	嗅覺條件化
olfactory lobe(=antennal lobe)	嗅叶(=触角叶)	嗅葉(=觸角葉)
oligidic diet	寡合饲料	寡合飼料
oligo-diapause	寡性滞育	寡性滯育

英 文 名	大 陆 名	台 湾 名
oligophagy	寡食性	寡食性
Omaloptera	蛹生类	蛹生類
ommatidia（单 ommatidium）	小眼	小眼
ommatidium（复 ommatidia）	小眼	小眼
ommochrome	眼色素	眼色素
omnivore	杂食类	雜食類
one-host tick	一宿主蜱,一寄主蜱	一寄主蜱
oneocyte	绛色细胞	扁桃細胞
onychia（单 onychium）	爪	爪
onychium（复 onychia，＝claw）	爪	爪
Onychophora	有爪纲	有爪綱
oophagy	食卵性	食卵性
oosome	卵质体	卵質體
oosorption	卵吸收	卵吸收
oosporein	卵孢素	卵孢素
oostatic hormone	抑卵激素	抑卵激素
oothecin	卵鞘蛋白	卵鞘蛋白
open cell	开室	開室
operculum	盖片	蓋片
opisthognathous type	后口式	後口式
opisthonotal shield	末体背板	末體背板
opisthonotum（＝opisthonotal shield）	末体背板	末體背板
opisthosoma	末体	末體
opisthosomatal plate	末体板	末體板
opisthoventral shield	末体腹板	末體腹板
opportunity factor	机会因子	機會因數
optic cartridge	视觉筒	視覺筒
optic center	视觉中枢	視神經中樞
optic disc	视觉盘	視覺盤
optic ganglion（＝optic lobe）	视神经节（＝视叶）	
optic lobe	视叶	視葉
opticon	视内髓	視內髓
optic tract（＝optic lobe）	视叶	視葉
optimal foraging	最优采食（**最佳采食**）	最優採食（**最佳採食**）
optomotor reaction	视动反应	視動反應
optomotor system（＝visuomotor system）	视动系统	視動系統
oral cavity（＝buccal cavity）	口腔	口腔
oral disc	口盘	口盤

英 文 名	大 陆 名	台 灣 名
oral hooks	口钩	口鉤
orbit	眼眶	眼眶
order	目	目
ordinary seta	常毛	正常毛
oreilletor(=oreillets)	耳形突	耳形突
oreillets	耳形突	耳形突
organochlorine insecticides	有机氯类杀虫剂	有機氯類殺蟲劑
organophosphorus insecticides	有机磷类杀虫剂	有機磷類殺蟲劑
Oribatida	甲螨目	甲螨亞目
Oriental Realm	东洋界(**东洋区**)	東洋區
orientation	定向	定向
orientation discrimination	朝向辨别	方位辨别
ornamentation	纹饰	紋飾
orthoblastic germ band	直胚带	直胚帶
orthognathous type(= hypognathous type)	下口式	下口式
orthokinesis	直动态	直動態
Orthoptera	直翅目	直翅目
Orthorrhapha	直裂亚目	直裂亞目
ostia(单 ostium)	①交尾孔,交配孔 ②心门 ③气门裂	①生殖孔 ②心管縫 ③氣門裂,心門
ostiola(复 ostiolae)	臭腺孔	臭腺孔
ostiolae(单 ostiola)	臭腺孔	臭腺孔
ostium(复 ostia)	①交尾孔,交配孔 ②心门 ③气门裂	①生殖孔 ②心管縫 ③氣門裂,心門
outbreak herbivore	暴发性植食昆虫	暴發性植食昆蟲
outer margin	[翅]外缘	外緣
outer membrane(=envelope)	外膜(=囊膜)	被膜
outgroup	外群	外群
ova(单 ovum)	卵	卵
ovarian ecdysteroidergic hormone(OEH)	卵巢蜕皮素形成激素	卵巢蛻皮素生成激素
ovariole	卵巢管	微卵管
ovary	卵巢	卵巢
ovary maturating pasin	卵巢成熟肽	卵巢成熟肽
oviduct(拉 oviductus)	输卵管	輸卵管
oviductus(拉, =oviduct)	输卵管	輸卵管
oviductus communis (拉, =median oviduct)	中输卵管	中輸卵管

英　文　名	大　陆　名	台　湾　名
oviductus lateralis（拉，＝lateral oviduct）	侧输卵管	側輸卵管
oviposition stimulant	产卵刺激素	産卵刺激素
ovipositor	产卵器	産卵器，産卵管
oviscapt（＝ovipositor）	产卵器	産卵器，産卵管
ovoviviparity	卵胎生	卵胎生
ovum（复 ova，＝egg）	卵	卵

P

英　文　名	大　陆　名	台　湾　名
paedogenesis	幼体生殖	幼體生殖
paedomorphosis	幼体发育（**幼态生殖**）	幼體生殖（**幼態生殖**）
paedomorphy	幼征	幼徵
Palaeodictyoptera	古网翅目	古網翅目，古蜚蠊目
Palearctic Realm	古北界（**古北区**）	古北區
paleoentomology	古昆虫学	古昆蟲學
Paleoptera	古翅类	古翅類
palp	须肢	觸肢
palpal apotele	须趾节	觸趾節
palpal base	须［肢］基	觸［肢］基
palpal claw	须［肢］爪	觸爪
palpal claw complex（＝thumb-claw complex）	须［肢］爪复合体	鬚爪複合體
palpal coxa	须［肢］基节	觸基節
palpal receptor	须感器	觸感器
palpal seta	须肢毛	觸肢毛
palpal tarsus	须［肢］跗节	觸肢跗節
palpcoxa（＝palpal coxa）	须［肢］基节	觸基節
palpfemur	须［肢］股节	觸肢腿節
palpgenu	须［肢］膝节	觸膝節
palpi（单 palpus）	①下颚须 ②须肢	①小顎鬚（**下顎鬚**） ②觸肢
palpifer	负颚须节	負鬚節
palpiger	负唇须节	擔鬚節
palptarsal seta（＝tarsala）	须跗毛	跗毛，觸跗毛
palptarsus（＝palpal tarsus）	须［肢］跗节	觸肢跗節
palptibia	须［肢］胫节	觸脛節
palptibial claw	须［肢］胫节爪	觸脛節爪

英　文　名	大　陆　名	台　灣　名
palptrochanter	须[肢]转节	觸轉節
palptrochanteral organ	须肢转器	觸肢轉器
palpus(复 palpi)	①下颚须(=maxillary palp) ②须肢(=palp)	①小顎鬚(下顎鬚) (=maxillary palp) ②觸肢(=palp)
Pannota	全盾蜉亚目	短鞘蜉蝣亞目
panoistic ovariole	无滋卵巢管	無滋養型微卵管
panoistic ovary	无滋卵巢	無滋養型卵巢
panphytophagous mites	杂植食性螨类	雜植食性蟎類
panzootic	动物流行病	動物流行病
papiliochrome	凤蝶色素	鳳蝶色素
paracephalon	侧后头	側後頭
paracosta	侧背脊	側背脊
paracrystalline body(=mitochondrial derivative)	副核, 副晶体	粒線體衍生物
parafacialia	侧颜	頰
parafrontal bristle	侧额鬃	旁側額剛毛
parafrontalia	侧额	旁側額區
paraglossa	侧唇舌	側舌
paragonia gland	雄性附腺	雄性附腺
paralabrum(=lateral lip)	侧唇	側唇
paralectotype	副选模	副選模
parallax	视差	視差
paralycus	异型爪	異型爪
parambulacral seta	副步行器毛	副步行器毛
paramere	阳基侧突	側性片
paranota(单 paranotum)	侧背叶	背側區
paranotum(复 paranota)	侧背叶	背側區
paraoxonase	对氧磷酶	對氧磷脂解酶
parapheromone	类信息素	類費洛蒙
paraphyly	并系	併源系
parapodial plate(=paraproct)	肛侧板	肛側板
paraproct	肛侧板	肛側板
Parasitengona	寄殖螨亚目	寄殖蟎亞目
Parasitica	寄生部	寄生類
parasitic mites	寄生性螨类	寄生性蟎類
Parasitiformes	寄螨目	寄蟎目
parasitism	寄生	寄生

英　文　名	大　陆　名	台　灣　名
parasitoid	拟寄生物	擬寄生者
parasocial insect	类社会性昆虫	類社會性昆蟲
parasporal crystal	伴孢晶体	側孢體
parastigmatic enantiophysis	感器窝侧突	感器窩側突
parastipes（＝subgalea）	亚外颚叶	亞外顎葉
parasubterminala	侧亚端毛	側亞端毛
parasubterminal seta（＝parasubterminala）	侧亚端毛	側亞端毛
parasymbiosis	类共生，准共生	准共生
paratergite（＝pleurotergite）	侧背片	側背板
paratype	副模	副模
paravitellogenin	亚卵黄原蛋白	副卵黃原蛋白
parental care	亲代照料	親代照料
parietal	颅侧区	頭側區
parma	中垛	中彩，中飾
paroxysm	突发病征	發作病症
pars basalis（＝cardo）	轴节	軸節
parthenogenesis	孤雌生殖	孤雌生殖
passive dispersal	被动扩散	被動分散
patagia（单 patagium）	领片	肩板，頸板
patagium（复 patagia）	领片	肩板，頸板
patch	斑块	斑狀群，斑塊
patch clamp	膜片钳	膜片鉗
pathogen	病原体	病原體
pathognomonic	诊断病征	證病的，診斷病症
pathology	病理学	病理學
pattern recognition	模式识别	模式識別
paurometabola	渐变态类	微變態類，漸進變態類
PBAN（＝pheromone biosynthetic activating neuropeptide）	性信息素合成激活肽	費洛蒙合成激活肽
peach mosaic	桃花叶病	桃嵌紋病
pebrine disease	家蚕微粒子病	蠶微粒子病
pectinate seta	栉毛，梳毛	櫛毛，梳毛
pederin	青腰虫素	青腰蟲素
pederone	青腰虫酮	隱翅蟲酮
pedicel	梗节	梗節
pedicelli（单 pedicellus）	梗节	梗節
pedicellus（复 pedicelli，＝pedicel）	梗节	梗節
pedipalpal claw（＝palpal claw）	须[肢]爪	觸爪

英 文 名	大 陆 名	台 灣 名
pedipalpal femur（=palpfemur）	须［肢］股节	觸肢腿節
pedipalpal genu（=palpgenu）	须［肢］膝节	觸膝節
pedipalpal tibia（=palptibia）	须［肢］胫节	觸脛節
pedipalpal trochanter（=palptrochanter）	须［肢］转节	觸轉節
pedotecta	足盖	足蓋,頂區
peduncle	①蕈状体柄 ②柄突	①蕈狀柄 ②柄節
pedunculi（单 pedunculus）	①蕈状体柄 ②柄突	①蕈狀柄 ②柄節
pedunculus（复 pedunculi，=peduncle）	①蕈状体柄 ②柄突	①蕈狀柄 ②柄節
peg-like seta	栓毛（**钉状毛**）	釘狀毛
penellipse crochets	缺环式趾钩	缺環列趾鉤
penetration	穿透［作用］	穿透作用
penisfilum	阳茎丝	陰莖絲
penis	插入器	陰莖
penis valve	阳茎瓣	陰莖瓣
Pentamera	五跗类	五節類（**五跗類**）
Pentatomomorpha	蝽次目	椿象部
peptidergic signal	肽能信号	肽能信號
pericardial cell	围心细胞	圍心細胞
pericardial chamber（=pericardial sinus）	围心窦	圍心竇
pericardial diaphragm（=dorsal dia-phragm）	围心膈（=背膈）	
pericardial septum（=dorsal diaphragm）	围心膈（=背膈）	
pericardial sinus	围心窦	圍心竇
perigenital seta	围殖毛	圍殖毛
perigynium	围阴器,围雌器	圍雌器
periopticon	神经节层	視神經層
periphallic organ（=periphallus）	围阳茎器	圍陰莖器
periphallus	围阳茎器	圍陰莖器
periplasm	卵周质	卵週質膜
peripodomeric fissure	围足节缝	圍足節縫
periproct（=telson）	尾节	尾節
peristoma（单 peristomium）	口缘	口緣
peristomal bristle	口缘鬃	口緣剛毛
peristome	口缘	口緣
peristomium（复 peristoma，=peristome）	口缘	口緣
peritrematal canal	气门沟	氣門溝
peritrematal groove（=peritrematal canal）	气门沟	氣門溝
peritrematal plate（=peritreme）	气门板	氣門板

英　文　名	大　陆　名	台　灣　名
peritreme	气门板	氣門板
peritrophic membrane	围食膜	圍食膜
permeability	渗透性	滲透性能
peroral	经口	經口
per os(=peroral)	经口	經口
petiolar segment(=petiole)	腹柄	腰節
petiole	腹柄	腰節
petioli（单 petiolus）	腹柄	腰節
petiolus（复 petioli, =petiole）	腹柄	腰節
phagocyte	吞噬细胞	吞噬細胞
phagocytic hemocyte(=phagocyte)	吞噬细胞	吞噬細胞
phagocytosis	吞噬作用	吞噬作用
phagostimulant	助食素	取食刺激素
Phalaenae	蛾类	蛾類
phallicata	阳茎端	陰莖端
phallobase	阳茎基	陰莖附片
phallomere	阳具叶	陰莖葉
phallotreme(=secondary gonopore)	阳茎口, 次生生殖孔	次生生殖孔
phallus	阳具	陰莖
pharate adult	隐成虫	預成蟲
pharyngea(=pharyngeal sclerite)	咽片	咽喉骨片
pharyngeal bulb	咽泡	咽泡
pharyngeal plate	咽板	咽板
pharyngeal pump	咽泵	咽泵
pharyngeal sclerite	咽片	咽喉骨片
pharynx	咽	咽喉
Phasmatodea	竹节虫目	竹節蟲目
Phasmida(= Phasmatodea)	竹节虫目	竹節蟲目
phenology	物候学	物候學
pheromone	信息素	費洛蒙
pheromone binding protein	信息素结合蛋白	費洛蒙結合蛋白
pheromone biosynthetic activating neuropeptide(PBAN)	性信息素合成激活肽	費洛蒙合成激活肽
pheromone inhibitor	信息素抑制剂	費洛蒙抑制劑
pheromonostatin	抑性信息素肽	抑費洛蒙素
pheromonotropin	促性信息素肽	促費洛蒙素
phobotaxis	趋避性	趨避性
phonoresponse	声反应	聲反應

英　文　名	大　陆　名	台　灣　名
phonotaxis	趋声性	趨聲性
phoracanthol	桉天牛醇	桉天牛醇
phoresy	携播	攜播,附播
phoretic copulation	携配	攜配
phoretic mites	携播螨类	攜播蟎類
phorotype	精器	精器
phosphatase	磷酸酯酶	磷酸酯酶
phosphodiester hydrolase	磷酸二酯水解酶	磷酸二酯水解酶
phosphorylated cholinesterase	磷酸化胆碱酯酶	磷酸化膽鹼酯酶
phosphorylation constant	磷酰化常数	磷醯化常數
photofobotaxis	避荫趋性	避蔭趨性
photokinesis	光动态	光動態
photoperiod	光周期	光週期
photoperiodicity	光周期现象	光週期律
photoperiodism (=photoperiodicity)	光周期现象	光週期律
photostable pigment	光稳定色素	光穩定色素
phototaxis	趋光性	趨光性
phototeletaxis	趋荫性	趨蔭性
phototoxic compound	光毒性化合物	光毒性化合物
phragmanotum (=postnotum)	后背板	後背板
phragma (复 phragmata)	悬骨	懸骨
phragmata (单 phragma)	悬骨	懸骨
phylacobiosis	守护共生	守護共棲
phyllobombycin	叶蛾素	葉蛾素
phylogenetics	系统发生学	系統發生學
phylogeny	系统发生	系統發生
phylogram	系统发生图	系統發生圖
physiological selectivity	生理选择性	生理選擇性
physiopathology	病理生理学	生理病理學
phytoecdysone	植物性蜕皮素	植物性蛻皮素
phytoecdysteroids	植物性蜕皮甾类	植物性類蛻皮素
phytophagous insect	食植类昆虫	植食性昆蟲
phytophagous mites	植食性螨类	植食性蟎類
phytoseiid mite	植绥螨	捕植蟎
pI_{50} (=negative log of I_{50})	I_{50}负对数	I_{50}負對數
picornavirus	小 RNA 病毒	小 RNA 病毒
picrotoxin receptor	苦毒宁受体	苦毒寧受體
piercing-sucking mouthparts	刺吸式口器	刺吸式口器

英 文 名	大 陆 名	台 灣 名
piericidin	杀青虫素 A	殺青蟲素 A
pile	毛被	被毛狀
pili(单 pilus)	毛	①毛 ②口刺
pilifer	唇侧片	唇側片
piliferous spots(=setigerous spots)	生毛点	生毛點
pilosity(=pile)	毛被	被毛狀
pilus(复 pili)	毛	①毛 ②口刺
pilus basalis	钳基毛	鉗基毛
pilus denticularis(=pilus dentilis)	钳齿毛	鉗齒毛
pilus dentilis	钳齿毛	鉗齒毛
piroplasmosis	梨浆虫病	梨形蟲病
placoid sensillum(拉 sensillum placode-um)	板形感器	膜狀感覺器
Planipennia	扁翅亚目	蚊蛉亞目
plasmatocyte	浆细胞	血漿細胞
plastron respiration	气盾呼吸	腹甲呼吸
Plecoptera	襀翅目	襀翅目
Plectoptera(= Plecoptera)	襀翅目	襀翅目
pleiotropic hormone	多效激素	多效性激素
pleometrotic colony(=polygynous colony)	多王群	多王群
plesiobiosis	原始共栖(**原始共栖**)	異種共棲
plesiomorphy	祖征	祖徵
pleura(单 pleuron)	侧板	側板
pleural coxal process	侧基突	側基突
pleuralifera(=alifer)	侧翅突	側板翅突(**側翅突**)
pleural suture(=lateral suture)	侧沟	側縫
pleural wing process(=alifer)	侧翅突	側板翅突(**側翅突**)
pleurite	侧片	側骨片(**側片**)
pleuron(复 pleura)	侧板	側板
pleurosternite(=laterosternite)	侧腹片	側腹板
Pleurosticti	上气门类	上氣門類
pleurostomal area	口侧区	口側區
pleurostomal suture	口侧沟	口側縫
pleurotergite	侧背片	側背板
plica	翅褶	褶皺
plica basalis(=basal fold)	基褶	翅基摺
plica jugalis(=jugal fold)	轭褶	翅垂褶
plica vannalis(=vannal fold)	臀褶	摺脈

英　文　名	大　陆　名	台　湾　名
plume	气缕	氣縷,羽狀
podal shield	足板	足板
podocephalic canal	颚足沟	頭足溝(顎足溝)
podocephalic gland	颚足腺	頭足腺(顎足腺)
podonotal shield	足背板	足背板
podonotum(=podonotal shield)	足背板	足背板
podoscutum(=podonotal shield)	足背板	足背板
podosoma	足体	足體
podospermic type	足纳精型	足納精型
poecilandry	雄虫多型	雄蟲多型
poecilogony	幼虫多型	幼蟲多型
poecilogyny	雌虫多型	雌蟲多型
poikilotherm	变温动物	變溫動物
poisers(=halter)	平衡棒	平衡棍
Poisson distribution	泊松分布	卜瓦松分佈
polarization vision	偏振光视觉(**偏光视觉**)	偏光視覺
pole cell	极细胞	極細胞
polisteskinin	蜂舒缓激肽,蜂毒激肽	蜂舒緩激肽
pollen	粉被	花粉,花粉狀
pollen basket	花粉篮	花粉筐
pollen brush	花粉刷	花粉刷
pollen press	花粉夹	花粉夾
pollination(=anthophily)	传粉作用	授粉作用
pollinator	传粉昆虫	授粉昆蟲
pollinosity(=pollen)	粉被	花粉,花粉狀
polyandry	一雌多雄	一雌多雄
polychromatism	多色现象	多色現象
polydnavirus	多分 DNA 病毒	多 DNA 病毒(**多分 DNA 病毒**)
polyembryony	多胚生殖	多胚生殖
polyethism	行为多型	行爲多型
polygamy	多配偶	多配偶
polygoneutism	多化性	多化性
polygynous colony	多王群	多王群
polygyny	一雄多雌	一雄多雌
polyhedrin	多角体蛋白	多角體蛋白,多角體素
polyhedron	多角体	多角體

英　文　名	大　陆　名	台　灣　名
polyhedron virus toxin	多角体病毒毒素	多角體病毒毒素
polymorphic character(= multistate character)	多态性状	多態特徵
polymorphic male	多型雄螨	雄性多型
polymorphism	多型现象	多態性,多型性
Polyphaga	多食亚目	多食亞目
polyphagia(=polyphagy)	多食性	多食性
polyphagy	多食性	多食性
polyphyly	复系	多源系
polyploidy	多倍性	多倍性
polypodine B	水龙骨素 B	水龍骨素 B
polypodocyte	多足细胞	多足細胞
polyqueen colony(=polygynous colony)	多王群	多王群
polyspermy	多精入卵,多精受精	多精受精
polytene chromosome	多线染色体	多絲染色體
polytrophic ovariole	多滋卵巢管	交互滋養型微卵管
polytrophic ovary	多滋卵巢	多滋養細胞型卵巢
polytypic aggregation	多型群聚	多型聚合
polyvoltinism (=polygoneutism)	多化性	多化性
ponasterone	百日青蜕皮酮	百日青蛻皮酮
pons cerebralis（拉, =protocerebral bridge）	前脑桥	前大腦橋
population	种群	族群
population census	种群数量统计	族群普查
population contraction	种群萎缩现象	族群萎縮現象
population density	种群密度	族群密度
population depression	种群衰退	族群減退
population dynamics	种群动态	族群動態
population ecology	种群生态学	族群生態學
population fluctuation	种群波动	族群變動
population genetics	种群遗传学	族群遺傳學
population growth	种群生长	族群成長
population parameter	种群参数	族群介量
population pressure	种群压力	族群壓力
population regulation	种群调节	族群調節
population structure	种群结构	族群結構
population viability analysis	种群生存力分析	族群生存力分析
pore canal	孔道	孔道

英 文 名	大 陆 名	台 灣 名
porosa area	孔区	孔區
position detection	位置检测	位置偵測
position effect	位置效应	位置效應
positive binomial distribution	正二项分布	正二項分佈
postalar bridge（=postalare）	翅后桥	翅後橋
postalar bristle	翅后鬃	翅後剛毛
postalar callus	翅背胝	翅背瘤
postalare	翅后桥	翅後橋
postalaria（复 postalariae，=postalare）	翅后桥	翅後橋
postalariae（单 postalaria）	翅后桥	翅後橋
postalifer（=subalare）	后上侧片	上後側片
postanal median groove	肛后中沟	肛後中溝
postanal plate	肛后板	肛後板
postanals（=postanal seta）	肛后毛	肛後毛
postanal seta	肛后毛	肛後毛
postanal transversal groove	肛后横沟	肛後橫溝
postantennal glandularia	后触腺毛	觸後腺毛
postantennal tubercle	角后瘤	觸角基瘤
postbothridial enantiophysis	感器窝后突	感器窩後突
postclypeus	后唇基	後唇基
postcoxal bridge（=postcoxale）	基后桥	基節後側腹合區
postcoxale（复 postcoxalia）	基后桥	基節後側腹合區
postcoxalia（单 postcoxale）	基后桥	基節後側腹合區
posterior genuala	后膝毛	後膝毛
posterior lateral seta	后侧毛	後側毛
posterior median groove	后中沟	後中溝
posterior notal wing process（=scutalaria）	后背翅突	後背翅突
posterior parasquamal tuft	后瓣旁簇	後瓣旁簇
posterior tibiala	后胫毛	後脛毛
postgena	后颊	後頰
postgenal bridge	后颊桥	後頰橋
postgenital sclerite	后殖片	後殖片
postgenital segment	生殖后节	生殖後節
posthumeral bristle	肩后鬃	肩後剛毛
posthypostomal seta	口下板后毛	口下板後毛
postinsemination association	受精后联合	受精後聯合
postmentum	后颏	下唇後基節
postnotum	后背板	後背板

英　文　名	大　陆　名	台　灣　名
postoccipital sulcus	次后头沟	次後頭溝
postocciput	次后头	次後頭
postocellar bristles	单眼后鬃	單眼後剛毛
postocular bristle	眼后鬃	眼後剛毛
postorbit	后眶部	後眶部
postorbital bristle	后眶鬃	眼緣後剛毛
postphragma	后悬骨	後懸骨
postpleuron(=epimeron）	后侧片	後側片
poststigma	后气门	後氣孔
poststigmatic pore	后气门孔	後氣門孔
postsynaptic inhibition	突触后抑制	突觸後抑制
postsynaptic membrane	突触后膜	後觸突膜
postsynaptic potential	突触后电位	突觸後電位
post verticals(=postocellar bristles）	单眼后鬃	單眼後剛毛
potential period	潜伏期	潛伏期
preadaptation	前适应	先存適應性
preadult	前成螨	前成蟎
prealar bridge(=prealare）	翅前桥	翅前橋
prealar bristle	翅前鬃	翅基前剛毛
prealare	翅前桥	翅前橋
prealaria(复 prealariae, =prealare）	翅前桥	翅前橋
prealariae(单 prealaria）	翅前桥	翅前橋
preanal area(=remigium）	臀前区	翅前部
preanal groove	肛前沟	肛前溝
preanal organ	肛前器	肛前器
preanal plate	肛前板	肛前板
preanal pore	肛前孔	肛前孔
preanal seta	肛前毛	肛前毛
preantennal area	触角前区	觸角前區
preantennal glandularia	前触腺毛	觸前腺毛
prebacillum	前感毛	前感器
precocene	早熟素	早熟素
precoxal bridge(=precoxale）	基前桥	基節前側腹合區
precoxale(复 precoxalia）	基前桥	基節前側腹合區
precoxalia(单 precoxale）	基前桥	基節前側腹合區
predacious mites	捕食性螨类	捕食性蟎類
predation	捕食作用	捕食
predator	捕食者	捕食者

英　文　名	大　陆　名	台　灣　名
pregenital plate	生殖前板	生殖前板
pregenital sclerite	前殖片	前殖片
pregenital segment(＝visceral segment)	生殖前节	生殖前節
preinsecticide	杀虫剂前体	殺蟲劑前質
prelarva	前幼螨	前幼蟎
prematuration period	成熟前期	成熟前期
prementum	前颏	下唇前基節
preoral cavity	口前腔	口前腔
preoral comb	口前栉	口前櫛
preparaptera(单 preparapteron)	前上侧片	翅基骨片
preparapteron(复 preparaptera，＝basalare)	前上侧片	翅基骨片
prephragma	前悬骨	前懸骨
prepupa	预蛹	前蛹
preputial membrane(＝vesica)	阳茎端膜	包膜
prescutal sulcus	前盾沟	前楯溝
prescutum	前盾片	前楯片
preservation	保存	保存
presternal plate	胸前板,第一胸板	前胸板
presternal sulcus	前腹沟	前腹溝
presternum	①胸前板,第一胸板 （＝presternal plate） ②前腹片	①前胸板（＝presternal plate）②前腹片
prestomum	前口	前口
presynaptic inhibition	突触前抑制	突觸前抑制
presynaptic membrane	突触前膜	前觸突膜
pretarsala	前跗毛	前跗毛
pretarsal operculum	前跗节盖	前跗節蓋
pretarsus	前跗节	前跗節
pretergite(＝acrotergite)	端背片	背板緣片
pretosternum	①胸前板,第一胸板 （＝presternal plate） ②前腹片	①前胸板（＝presternal plate）②前腹片
prevalence rate	现患率,流行率	流行率
prey	猎物,被食者	獵物,被捕者
primary consumer	初级消费者	一级消耗者
primary infection	原发感染	原發感染
primary phallic lobe	原阳具叶	原陰莖葉

英　文　名	大　陆　名	台　灣　名
primary productivity	初级生产力	初級生產力
primary segmentation	初生分节	原生分節
primary segments	初生节	原生節
principal pseudopupil	主伪瞳孔	主僞瞳孔
proala coriacea	覆翅	翅覆
probit analysis	概率值分析法	機率值分析法
proboscis	喙	喙
procephalic lobe	头前叶	頭前葉
procephalon（=protocephalon）	原头	原頭
procerebrum	前脑	前大腦
proctiger	载肛突	負肛突起
proctodaeum（=proctodeum）	后肠	後腸
proctodeum	后肠	後腸
proctolin	直肠肽	直腸肽
procuticle	原表皮	原表皮
prodorsal shield	前背板	前背板
prodorsum	①前胸背板（=prono-tum）②前背板（=prodorsal shield）	①前胸背板（=prono-tum）②前背板（=prodorsal shield）
prodrome	前驱症状	前驅症狀
producer	生产者	生產者
production rate	生产率	生產速率
productivity	生产力	生產力
profamulus	原芥毛	原芥毛
prognathous type	前口式	前口式
prognosis	预测	預後
prohemocyte	原血细胞	原血細胞
prolamella	前叶	前葉
proleg（=abdominal leg）	腹足	腹足
proleucocyte	原白细胞	原白血球
promelittin	原蜂毒溶血肽	原蜂毒溶血肽
promuscis（=proboscis）	喙	喙
pronotum	前胸背板	前胸背板
propheromone	前信息素	前費洛蒙
propleura（单 propleuron）	前胸侧板	前胸側板
propleural bristle	前侧鬃	前胸側板剛毛
propleuron（复 propleura）	前胸侧板	前胸側板
propodeal triangle	并胸腹节三角片	併胸腹節三角片,前伸

英　文　名	大　陆　名	台　灣　名
		腹節三角片
propodeum	并胸腹节	前伸腹節(**併胸腹節**)
propodolateral apophysis	前足体侧隆突	前足體側突
propodosoma	前足体	①前足體[部] ②前體部 ③前胴體部 ④前肢體部
propodosomal lobe	前足体突,檐形突	前足體突
propodosomatal plate	①前足体板 ②前背板 (=prodorsal shield)	①前足體板 ②前背板 (=prodorsal shield)
propodoventral enantiophysis	前足体腹突	前足體腹突
propolis	蜂胶	蜂膠
proponotal shield(=propodosomatal plate)	前足体板	前足體板
prosetae	盾前鬃	楯前剛毛
prosoma	①前体 ②前躯	①前體[部] ②前軀
prosopon(=adult)	①成虫 ②成螨 ③成蜱	①成蟲 ②成蟎 ③成蜱
prosternal process	前胸腹突	前胸腹突
prosternum	前胸腹板	前胸腹板
prostigma	前气门	前氣孔
Prostigmata	前气门目	前氣門亞目
protean display	窜飞	竄飛
protected area	保护区	保護區
protection	保护	保護
protergite(=prescutum)	前盾片	前楯片
proterosoma	前半体	前半體
protest sound	挣扎声	警戒聲
prothetely	先成现象	先成現象
prothoracic gland	前胸腺	前胸腺
prothoracicotropic hormone(PTTH)	促前胸腺激素	促前胸腺激素
prothoracicotropin(=prothoracicotropic hormone)	促前胸腺激素	促前胸腺激素
prothorax	前胸	前胸
protocephalon	原头	原頭
protocerebral bridge	前脑桥	前大腦橋
protocerebrum(=procerebrum)	前脑	前大腦
protocorm	原躯	原軀
protogeny	原雌	原雌
protogonia(=apical angle)	顶角	頂角

英　文　名	大　陆　名	台　灣　名
Protohomoptera	古同翅目	古同翅目
protoloma（ = costal margin）	［翅］前缘	前緣
Protomecoptera	原长翅亚目	原長翅亞目
protonymph	第一若螨,原若螨	第一若螨,原若螨
protorostral seta	原喙毛	原喙毛
protozoal disease	原虫病	原蟲病
Protura	原尾目	原尾目
proventriculus（拉, = gizzard）	前胃,砂囊	砂囊,賁門部,前胃
provirus	原病毒	病毒原
pseudergate	伪工白蚁	預白蟻
pseudoapomorphy(= nonhomologus syna-pomorphy)	假衍征(=非同源共同衍征)	
pseudochela	假螯	假螯
pseudocholine esterase(ψChE)	拟胆碱酯酶	擬膽鹼酯酶
pseudocubitus	伪肘脉	偽肘脈
pseudoculus	假眼	假眼
pseudodiagastric type	伪横腹型	假橫腹型
pseudo-elytra(= pseudohalteres)	拟平衡棒	假平衡棍
pseudohalteres	拟平衡棒	假平衡棍
pseudomedia	伪中脉	偽中脈
pseudoparasitism	假寄生,拟寄生	假寄生
pseudopederin	拟青腰虫素	擬青腰蟲素
pseudopenis(= pseudophallus)	伪阳茎	偽陰莖,中板
pseudophallus	伪阳茎	偽陰莖,中板
pseudopupa	先蛹	擬蛹
pseudopupil	伪瞳孔	偽瞳孔
pseudorutella（单 pseudorutellum）	假助螯器	假助螯器
pseudorutellum（复 pseudorutella）	假助螯器	假助螯器
pseudosacci（单 pseudosaccus）	伪尖突	偽尖突
pseudosaccus（复 pseudosacci）	伪尖突	偽尖突
pseudoscutum	假盾区	假盾區
pseudosematic color	拟辨识色	擬辨識色
pseudostigmata	假气门器	假氣門器
pseudostigmatal organ(= pseudostigmata)	假气门器	假氣門器
pseudostigmatic seta	假气门毛	假氣門毛
pseudosymphile	拟蚁客	擬蟻客
Pseudotetramera	拟四跗类	擬四節類（**擬四跗類**）
pseudotrachea	唇瓣环沟,假气管	假氣管

英　文　名	大　陆　名	台　湾　名
Psocomorpha	啮亚目	嚙亞目
Psocoptera	啮虫目	嚙蟲目
Psyllomorpha	木虱亚目	木蝨亞目
pteralia	翅关节片	腋骨髁
pteromorpha	翅形体	翅形體
pteromorpha hinge	翅形体铰链	翅形體鉸鏈
pteropleura（单 pteropleuron）	翅侧片	翅側板
pteropleural bristle	翅侧片鬃	翅側剛毛
pteropleuron（复 pteropleura）	翅侧片	翅側板
pterostigma	翅痣	翅痣
pterothorax	翅胸,具翅胸节	生翅胸
Pterygota	有翅亚纲	有翅亞綱
ptilinal suture	额囊缝	前額囊縫
ptilinum	额囊	額囊
PTTH（＝prothoracicotropic hormone）	促前胸腺激素	促前胸腺激素
ptychoid	叠缝型	疊縫型
pubes	绵毛	綿毛
pulmonary acariasis	肺螨症	肺蟎症
pulsatile organ	搏动器	搏動器
pulvilli（单 pulvillus）	爪垫	爪墊
pulvillus（复 pulvilli）	爪垫	爪墊
punctation	刻点	點刻
pupa（复 pupae）	蛹	蛹
pupae（单 pupa）	蛹	蛹
pupa exarata（＝free pupa）	离蛹,裸蛹	裸蛹
pupa folliculata	裹蛹	全繭蛹,包裹蛹
pupaparity	蛹胎生	蛹胎生
puparia（单 puparium）	围蛹	蛹殼,圍蛹
puparium（复 puparia）	围蛹	蛹殼,圍蛹
Pupipara（＝Omaloptera）	蛹生类	蛹生類
putidaredoxin	假单孢氧还蛋白	假單孢氧還原蛋白質
pygidia（单 pygidium）	臀板	臀板
pygidium（复 pygidia）	臀板	臀板
pygophore（＝genital capsule）	生殖囊	生殖囊,肛上板
pygopods	尾肢	尾肢
pyloric chamber	幽门腔	幽門腔
pyloric sphincter	幽门括约肌	幽門括約肌
pyrethroid insecticides	拟除虫菊酯类杀虫剂	合成除蟲菊精殺蟲劑

Q

英　文　名	大　陆　名	台　灣　名
Q fever	Q热	Q熱
quantitative character	数量性状	數量特徵
quarantine	检疫	檢疫
quarantine area	检疫区	檢疫區
quarantine entomology	检疫昆虫学	檢疫昆蟲學
quasisocial insect	准社会性昆虫	擬社會性昆蟲
queen	蜂王	蜂王
queen pheromone(＝queen substance)	蜂王信息素	蜂王費洛蒙
queen substance	蜂王信息素	蜂王費洛蒙
quiescence	静止期	靜止期

R

英　文　名	大　陆　名	台　灣　名
radial cell	径室	徑脈室
radial crossvein	径横脉	徑脈橫脈
radial node	径脉结节	徑脈結節
radial sector	径分脉	徑分脈
radial stem vein	径干脉	徑幹脈
radio-medial crossvein	径中横脉	徑中橫脈
radius	径脉	徑脈
raiding behavior	袭击行为	襲擊行爲
random distribution	随机分布	隨機分佈
random sampling	随机抽样法	隨機取樣法
rank	等级	分類等級
raphe	丝压背棍	縫合線
Raphidiodea(＝ Raphidioptera)	蛇蛉目	蛇蛉目
Raphidioptera	蛇蛉目	蛇蛉目
Raphignathina	缝颚螨亚目	縫顎蟎亞目
raptorial leg	捕捉足	捕捉足
rare species	稀有种	稀有種
rasp(＝scraper)	刮器	刮器
rasping-sucking mouthparts	锉吸式口器	銼吸式口器

英　文　名	大　陆　名	台　灣　名
ray	放射枝	放射毛
realized niche	现实生态位	現實生態席位
receptaculum seminis（拉，＝spermatheca）	受精囊	受精囊
receptive field	光感受野	感受野,感受區
recovery（＝restoration）	重建	復原
recruitment	征召	徵召,補充
rectal gill	直肠鳃	直腸鰓
rectal gland	直肠腺	直腸腺
rectal pad	直肠垫	直腸墊
rectal papilla	直肠乳突	直腸乳突
rectal sac	直肠囊	直腸囊
rectum	直肠	直腸
recurrent nerve	回神经	逆走神經
redundancy species	冗余种	冗餘種
red-water fever	血尿热	血尿熱
reflex bleeding	反射出血	反射自動出血
refractoriness	不应态	不應態
regenerative cyst（＝nidus）	胞窝,再生胞囊	再生細胞
rehabilitation	修建	修建
reinfection	再感染	再感染
reiterative behavior	重演行为	重演行爲
rejected name	否定名	否定名
relative toxicity ratio	相对毒性比	相對毒性比
remigium	臀前区	翅前部
remigration	返回迁移	返回遷移
repellency	驱避性	忌避性
replacement control	替代控制	置換控制
replacement name	替代名	替代名
reproductive diapause	生殖滞育	生殖滯育
reproductive isolation	生殖隔离	生殖隔離
residual effect	残效	殘效
residual spray	滞留喷洒	殘效
residual toxicity	残留毒性	殘留毒性
resilience stability	弹性稳定性	彈性穩定性
resistance allele	抗性等位基因	等位抗性基因
resistance gene frequency	抗性基因频率	抗性基因頻率
resistance index	抗药性指数	抗性指數

英 文 名	大 陆 名	台 灣 名
resistance management	抗性治理	抗藥性管理
resistance stability	对抗稳定性	對抗穩定性
resistant gene	抗性基因	抗性基因
respiratory trumpet	呼吸角	喇叭狀呼吸管
restoration	重建	復原
resurgence	再猖獗	復發,再崛起
retina	视网膜	視網膜
retinaculum	系缰钩	抱帶
retinene	视黄醛	視黃醛
retinophora(= retinula)	视小网膜	網膜體,小網膜
retinotopic map	网膜投射图	網膜投射圖
retinula	视小网膜	網膜體,小網膜
reversible inhibitor	可逆性抑制剂	可逆性抑制劑
rhabdom	感杆束	視官柱體
rhabdomere	感杆	桿狀小體
Rhabdura	棒亚目	棒尾亞目
rhagidial organ	莓螨器	莓蟎器
rheotaxis	趋流性(**逆流性**)	逆流性
rhodopsin	视紫红质	視紫紅質,視紫素
Rhopalocera	锤角类	錘角類
Rhophoteira(= Siphonaptera)	蚤目	蚤目
Rhynchophlirina	象虱亚目	象蝨亞目
Rhynchophora	象虫组	步行象鼻蟲組
Rhynchota(=Hemiptera)	半翅目	半翅目
Rhyngota(= Hemiptera)	半翅目	半翅目
Rickettsia tsutsugamushi	恙虫病立克次体	立克次體恙蟲病
rickettsiosis	立克次体病	立克次體病
Rickettsiosis sibirica	北亚蜱媒斑疹热	北亞蜱媒斑疹熱
ridge	嵴	脊
ring gland	环腺	環腺
risilin	节肢弹性蛋白	節肢彈性蛋白
rivalry behavior	争偶行为	爭偶行為
rivalry sound	争偶声	爭偶聲
rival song(= rivalry sound)	争偶声	爭偶聲
robbing pheromone	掠夺信息素	掠奪費洛蒙
Rocky Mountain spotted fever	落基山斑疹热	落基山斑疹熱
root mite	根螨	根蟎
rose rosette	蔷薇丛枝病	薔薇叢枝病,薔薇簇葉

英　文　名	大　陆　名	台　灣　名
		病
rosette pore	辐孔	輻孔
rostral groove	喙沟	喙溝
rostral seta	喙毛	喙毛
rostral shield	喙盾	喙盾
rostral though	喙槽	喙槽
royal chamber	王室	王室
royal jelly	王浆	蜂王漿
r-selection	r 选择	r 選擇
RSHF(=haemorrhagic fever with renal syndrome)	肾综合征出血热,流行性出血热	腎綜合徵出血熱,腎並發性出血熱
r-strategist	r 对策者	r 對策者
rural ecosystem	农村生态系统	農村生態系
rutella (单 rutellum)	助螯器	助螯器
rutellar brush	助螯器刺	助螯器刺
rutellum(复 rutella)	助螯器	助螯器

S

英　文　名	大　陆　名	台　灣　名
sacbrood	囊雏病	囊雛病
sacculi(单 sacculus)	①背囊 ②抱腹器(抱腹器)	①小囊,受精束 ②輸卵管
sacculus(复 sacculi)	①背囊 ②抱器腹(抱器腹)	①小囊,受精束 ②輸卵囊
saccus	囊形突	囊狀器
sacral seta	骶毛	骶毛,骶剛毛
safety evaluation	安全性评价	安全性評估
salivarium	唾液窦	唾液腔
salivary canal	唾液管	唾液管
salivary duct(=salivary canal)	唾液管	唾液管
salivary gland	唾液腺	唾液腺
salivary pump	唾液泵	唾液泵
salivary stylet	涎针,唾针	唾針
saltatorial appendage(=furcula)	弹器	彈器
saltatorial leg	跳跃足	跳躍足
sanquinivore	食血类	食血類
sap feeder	吸液汁类(吸汁液类)	吸汁液類

英　文　名	大　陆　名	台　灣　名
saprophage（=scavenger）	腐食类	腐食類
saprophagous mites	腐食性螨类	腐食性蟎類
saprozoic（=scavenger）	腐食类	腐食類
sarcocystatin	麻蝇半胱氨酸蛋白酶抑制蛋白	麻蝇半胱氨酸蛋白酶抑制蛋白
sarcophage（=carnivore）	食肉类	食肉類
sarcoptid mite	疥螨	疥蟎
sarcosome	肌粒	肌粒
scabies	疥疮	疥瘡
scale	鳞片	鳞片
scansorial leg	攀附足	攀附足
scape	柄节	柄節
scaphium（=gnathos）	颚形突	匙狀突
scapula（=humeral projection）	肩突	肩突
scapular seta	胛毛	胛毛
scavenger	腐食类	腐食類
scent gland（=odoriferous gland）	气味腺,臭腺	香腺,臭腺,氣味腺
scent gland orifice（=ostiola）	臭腺孔	臭腺孔
schadonophan	卵蛹	卵蛹
Schistonota	裂盾亚目	長鞘蜉蝣亞目
schistostatin	沙蝗抑咽侧体肽	沙蝗抑咽喉側腺肽
schizechenosy	裂出	裂出
schizodorsal plate	裂背板	裂背板
schizogastric type	裂腹型	裂腹型
Schizophora	有缝组	有縫組
Schmidt layer	施氏层	施氏層
schottenol	仙人掌甾醇	仙人掌固醇
scientific name	学名	學名
sclerite	骨片	骨片
scleronoduli	骨结	骨結
sclerotization	骨化[作用]	骨化作用
scolopale（复 scolopalia）	感概	導音桿
scolopalia（单 scolopale）	感概	導音桿
scolophore	具概神经胞	導音管
scolopidium	具概感器	導音管,導音感覺器
scolopophorous sensillum（拉 sensillum scolopophorum, =scolopidium）	具概感器	導音管,導音感覺器
scolops（=scolopale）	感概	導音桿

英　文　名	大　陆　名	台　灣　名
scopa（复 scopae，=pollen brush）	花粉刷	花粉刷
scopae（单 scopa）	花粉刷	花粉刷
scopular bristle（=prosetae）	盾前鬃	楯前剛毛
scotopsin	暗视蛋白	暗視蛋白
scramble competition	攀缘竞争	共滅型競爭
scraper	刮器	刮器
scratching mouthparts	刮吸式口器	刮吸式口器
scrub typhus（=tsutsugamushi disease）	恙虫病	恙蟎病
sculpture	刻纹	斑紋
scutala	盾板毛	盾板毛
scutalaria	后背翅突	後背翅突
scutal seta（=scutala）	盾板毛	盾板毛
scutal sulcus	盾沟	楯溝
scutal suture（=scutal sulcus）	盾沟	楯溝
scutellar sulcus	小盾沟	小楯溝
scutelli（单 scutellum）	小盾片	小楯片
scutellum（复 scutelli）	小盾片	小楯片
scuti（单 scutum）	①盾片 ②盾板	①楯片 ②盾板
scutoscutellar sulcus	盾间沟	楯間溝
scutum（复 scuti）	①盾片 ②盾板	①楯片 ②盾板
SD（=synergic difference）	增效差	協力差
seasonal viviparity	季节胎生	季節胎生
secondary consumer	次级消费者	次級消耗者
secondary gonopore	阳茎口,次生生殖孔	次生生殖孔
secondary infection	继发感染	繼發感染
secondary metabolite	次生代谢物	次級代謝物
secondary parasitism	二次寄生（**次级寄生**）	次級寄生
secondary productivity	次级生产力	次級生產力
secondary segmentation	次生分节	次生分節
secondary segments	次生节	次生節
secondary type	次模	次模
secretogogue	促泌素	促泌素
sectorial crossvein	分横脉	徑分橫脈
segment	体节	體節
segmentation gene	分节基因	分節基因
sejugal suture	颈缝	頸縫
selective inhibitory ratio	选择抑制比	選擇性抑制比
selective toxicity	选择毒性	選擇毒性

英　文　名	大　陆　名	台　湾　名
self-thinning rule	自疏法则	自疏法則
selinenol	凤蝶醇	鳳蝶醇
sematic color	保护色	保護色
sembling（＝assembling）	会集	聚集
semi-desert ecosystem	半荒漠生态系统	半荒漠生態系,半沙漠生態系
seminal duct	输精管	輸精管
seminal vesicle（拉 vesicula seminalis）	贮精囊	貯精囊
semi-natural ecosystem	半自然生态系统	半自然生態系
semiochemicals	信息化学物质	資訊化學物質
semipupa（＝pseudopupa）	先蛹	擬蛹
semisocial insect	半社会性昆虫	半社會性昆蟲
semispecies	半种	半種
semivoltine	半化性	半化性
Semper's cell	森氏细胞	潘氏細胞
sensilla（单 sensillum）	感器	感覺器
sensillar esterase	感器酯酶	感器酯酶
sensillary base	感毛基	感毛基
sensillum（复 sensilla）	感器	感覺器
sensillum ampullaceum（拉，＝ampulla-ceous sensillum）	坛形感器	罈狀感覺器
sensillum basiconicum（拉，＝basiconic sensillum）	锥形感器	錐狀感覺器
sensillum campaniformium（拉，＝cam-paniform sensillum）	钟形感器	鍾形感覺器
sensillum chaeticum（拉）	刺形感器	剛毛感覺器
sensillum coeloconicum（拉，＝coelocon-ic sensillum）	腔锥感器	腔狀感覺器
sensillum opticum（拉）	光感器	感光器
sensillum placodeum（拉，＝placoid sen-sillum）	板形感器	膜狀感覺器
sensillum scolopophorum（拉，＝scolo-pidium）	具橛感器	導音管,導音感覺器
sensillum squamiformium（拉，＝squami-form sensillum）	鳞形感器	鱗狀感覺器
sensillum styloconicum（拉，＝styloconic sensillum）	栓锥感器	柄狀感覺器
sensillum trichodeum（拉，＝trichoid sen-	毛形感器	毛狀感覺器

英 文 名	大 陆 名	台 灣 名
sillum）		
sensitivity	敏感性	敏感性
sensory club（＝solenidion）	感棒	感棒
sensory neuron（＝afferent neuron）	感觉神经元（＝传入神经元）	感覺神經原（＝向心神經原）
sensory rod（＝solenidion）	感棒	感棒
sensory seta	感毛	感毛,感覺毛
septicemia	败血症	敗血症
sequential evolution	顺序进化	順序進化
sequential sampling	序贯抽样法	逐次取樣法
sericin	丝胶蛋白	絲膠蛋白
sericteria（单 sericterium）	泌丝器	絹絲腺
sericterium（复 sericteria）	泌丝器	絹絲腺
sericulture	养蚕学	養蠶學
serine protease inhibitor（＝serpin）	丝氨酸蛋白酶抑制蛋白	絲氨酸蛋白酶抑制蛋白
serosal cuticle	浆膜表皮	漿膜表皮
serotype	血清型	血清型
serpin	丝氨酸蛋白酶抑制蛋白	絲氨酸蛋白酶抑制蛋白
Serricomia	锯角组	鋸角類
Sessiliventres	无腹柄类	無腹柄類
seta	刚毛	剛毛,長毛
setigerous spots	生毛点	生毛點
setula	小刚毛	小剛毛
sex attractant	性引诱剂	性引誘劑,性誘餌
sex peptide	[雄]性肽	[雄]性肽
sex pheromone	性信息素	性費洛蒙
sex-specific gene expression	性特异基因表达	性特異基因表現
sexuale	性蚜	有性蚜
sexupara（复 sexuparae）	性母	性母
sexuparae（单 sexupara）	性母	性母
shape discrimination	形状辨别	形狀辨識
short-day insect	短日照昆虫	短日照昆蟲
sialisterium（＝salivary gland）	唾液腺	唾液腺
sibling species	姐妹种,近缘种	同胞種
sigma virus	西格马病毒	西格馬病毒
sign	病征（症候）	症候,表徵
signaling molecule	信号分子	信號分子
signal peptide	信号肽	信號肽

英　文　名	大　陆　名	台　灣　名
signal transduction	信号转导	信號傳導
signum	囊突	囊突
silk press（＝thread press）	压丝器	注絲器
similarity of community	群落相似性	群落相似性
similar joint action	相似联合作用	相似聯合作用
single embedded virus	单粒包埋型病毒	單包埋病毒
singleton species	单个体种	單一體種
Siphonaptera	蚤目	蚤目
siphoning mouthparts	虹吸式口器	虹吸式口器
Siphunculata（＝Anoplura）	虱目	蝨目
siphunculus（＝cornicles）	腹管	腹管
sister-chromatid exchange	姊妹染色单体交换	姊妹染色分體互換
sister group	姐妹群	姐妹群
skototaxis	趋暗性	趨暗性
sneak attack	偷袭	偷襲
social facilitation	社会性易化	社會性易化
social insect	社会性昆虫	社會性昆蟲
social parasitism	群居寄生	社會寄生（**群居寄生**）
social pheromone	社会信息素	社會性費洛蒙
social symbiosis	群居共生	群居共生
socius	尾突	肛側突
soft hair	柔毛	柔毛
soil entomology	土壤昆虫学	土壤昆蟲學
soil mites	土壤螨类	土壤蟎類
solenidia（单 solenidion）	感棒	感棒
solenidion（复 solenidia）	感棒	感棒
solenostome	环管口	環管口
solid-borne sound	固导声	固導聲
solitary species	独居种类（**独居种**）	獨居物種（**獨居種**）
somite（＝segment）	体节	體節
sonagram	声响图	聲音圖
sonic attraction	声波引诱（**声引诱**）	聲誘（**聲引誘**）
spatial integration	空间整合	空間整合
spatial vision	空间视觉	空間視覺
speciation	物种形成	種化,種化作用
species	种	種
species indeterminate（拉, sp. indet.）	未定种	未定種
species inquirenda（拉）	待考种	待考種

英　文　名	大　陆　名	台　灣　名
species nova(拉, sp. nov.)	新种	新種
species nova inedita(拉, sp. nov. in.)	未发表新种	未發表種
sperm access(=tubulus annulatus)	环管	環管
spermatheca	受精囊	受精囊
spermathecal gland	受精囊腺	受精囊腺
spermathecal tube	受精囊管	受精囊管
spermatocyst	育精囊	精子囊
spermatodactyl	导精趾	導精趾
spermatophora(拉, =spermatophore)	精包	精包
spermatophoral carrier(=spermatodactyl)	导精趾	導精趾
spermatophoral process(=spermatodac-tyl)	导精趾	導精趾
spermatophore（拉 spermatophora）	精包	精包
spermatophorin	精包蛋白	精包蛋白
spermatophorotype(=phorotype)	精器	精器
spermatotreme	导精沟	導精溝
sperm pump	精泵	精子泵
sperm transfer	传精器	傳精器
spherocyte(=spherulocyte)	球形细胞	球狀血細胞
spheroid	球状体	球狀體
spheroidosis(=entomopox virus disease)	球状体病(=昆虫痘病毒病)	
spherule(=spheroid)	球状体	球狀體
spherule cell(=spherulocyte)	球形细胞	球狀血細胞
spherulocyte	球形细胞	球狀血細胞
spider mite(=tetranychid mite)	叶螨	葉蟎
sp. indet. (= species indeterminate)	未定种	未定種
spindle	纺锤体	紡錘體
spindle poison	纺锤体毒素	紡錘體毒素
spinneret	吐丝器	吐絲器
sp. inq. (=species inquirenda)	待考种	待考種
spiracle	气门	氣孔
spiracle gland	气门腺	氣孔腺
spiracula(复 spiraculae, =spiracle)	气门	氣孔
spiraculae （单 spiracula）	气门	氣孔
spiracular atrium	气门室	氣孔室
spiracular gill	气门鳃	氣孔鰓
spiracular gland(=spiracle gland)	气门腺	氣孔腺

英　文　名	大　陆　名	台　湾　名
spiracular groove（＝spiracular sulcus）	气门沟	氣門刻溝
spiracular opening	气门孔	氣門孔
spiracular sphincter	气门括约肌	氣孔括約肌
spiracular sulcus	气门沟	氣門刻溝
spiracular trachea	气门气管	氣孔氣管
spirochaetosis（＝tick-borne recurrens）	蜱媒回归热	蜱媒回歸熱
spiroplasma	螺原体	螺漿體
sp. nov. （＝species nova）	新种	新種
sp. nov. in. （＝species nova inedita）	未发表新种	未發表種
sponging mouthparts（＝licking mouthparts）	舐吸式口器	舐吮式口器
sporangium phase	孢子囊时期	孢子囊期
spore phase	孢子时期	孢子期
spring disease	春季病	春季病
squama（＝calypter）	腋瓣	冠瓣
squamiform sensillum（拉 sensillum squamiformium）	鳞形感器	鱗狀感覺器
SR（＝synergic ratio）	增效比	協力比
SR spirochetes	性比螺旋体	性比螺旋體
stabbers	口针	口針
stability	稳定性	穩定性
stability of community	群落稳定性	群落穩定性
stadia （单 stadium）	龄期	齡期
stadium（复 stadia）	龄期	齡期
stage-specific gene expression	虫期特异基因表达	蟲期特異基因表現
static life table	静态生命表	靜態生命表
stem-group	干群	幹群,主群
stemma（复 stemmata）	侧单眼	側單眼
stemmata（单 stemma）	侧单眼	側單眼
stem mother	干母	幹母
stem-species	干种	幹種,主種
stereokinesis	触动态	觸動態
stereotaxis（＝thigmotaxis）	趋触性	趨觸性
sterigma	阴片	陰片
sterna（单 sternum）	腹板	腹板
sternacostal sulcus	腹脊沟	腹脊溝
sternal apophysis	腹内突	腹内骨
sternalia	胸毛	胸毛

英　文　名	大　陆　名	台　灣　名
sternal line	胸线,腹板线	胸線
sternal plate（＝sternal shield）	胸板	胸板
sternal pore	胸板孔	胸板孔
sternal seta（＝sternalia）	胸毛	胸毛
sternal shield	胸板	胸板
sternellum	小腹片	小腹片
sternite	腹片	腹片
sterno-genital plate	胸殖板	胸殖板
sternopleural bristle	腹侧片鬃	腹側片剛毛
sternopleural line	腹侧线	腹側線
sternopleural sulcus	腹侧沟	腹側溝
sternopleurite	腹侧片	腹側片
Sternorrhyncha	胸喙亚目	胸喙亞目
sterno-ventral shield	胸腹板	胸腹板
sternum（复 sterna）	①腹板 ②胸板（＝sternal shield）	①腹板 ②胸板（＝sternal shield）
steroecious species	狭幅种,狭适种	狹適種
steroidogenic hormone	类固醇生成激素	類固醇生成激素
stigma	①翅痣（＝pterostigma）②气门（＝spiracle）	①翅痣（＝pterostigma）②氣孔（＝spiracle）
stigmaeid mite	长须螨	網背蟎
stigmatic cleft（＝spiracular sulcus）	气门沟	氣門刻溝
sting	螫针	螫刺
sting gland	螫针腺	螫針腺
stipes（复 stipites）	茎节	小顎莖節（莖節）
stipites（单 stipes）	茎节	小顎莖節（莖節）
stomachic ganglion（＝ingluvial ganglion）	嗉囊神经节	嗉囊神經球,胃神經球
stomatogastric nervous system（＝sympathetic nervous system）	胃神经系统（＝交感神经系统）	胃神經系統（＝交感神經系統）
stomodaeal nervous system（＝sympathetic nervous system）	交感神经系统	交感神經系統
stomodaeum	口道	口陷
stomodeum（＝stomodaeum）	口道	口陷
stomogastric nerve（＝recurrent nerve）	胃神经（＝回神经）	胃神經（＝逆走神經）
stonebrood	幼虫结石病	幼蟲結石病
storage ecosystem	仓储生态系统	儲藏生態系
storage protein	贮存蛋白	貯存蛋白
stored product mites	储藏物螨类	儲藏物蟎類

英　文　名	大　陆　名	台　灣　名
stored products entomology	仓储昆虫学	储物昆蟲學(倉儲昆蟲學)
stratified random sampling	分层随机抽样法	分層隨機取樣法
Strepsiptera	捻翅目	撚翅目
stress response	应激反应	壓力反應
stretch receptor	牵引感受器	伸展感受器
stria(复 striae)	条纹	條,溝紋
striae(单 stria)	条纹	條,溝紋
striated border	纹状缘	線狀緣
stridulation	摩擦发音	摩擦發音
stridulitrum(=file)	音锉	銼弦
strigilis	净角器	清角器
strobinin(=lanigern)	蚜橙素	蚜橙素
stylet(=stabbers)	口针	口針
styli(单 stylus)	针突	細尾突
styloconic sensillum(拉 sensillum styloconicum)	栓锥感器	柄狀感覺器
stylophore	口针鞘	口針鞘
Stylopidia	蜂蝙亚目	蜂蟲亞目
stylostome	茎口	口針通道
stylus(复 styli)	针突	細尾突
subalare	后上侧片	上後側片
subalar knob	翅下大结节	翅下大結節
subalar pit	翅下窝	翅下窩
subalifer(=subalar knob)	翅下大结节	翅下大結節
subantennal suture(=frontogenal suture)	额颊沟,角下沟	額頰縫
subapical scutellar bristle	小盾亚端鬃	小楯亞端剛毛
subcapitulum	下颚体	亞顎體
subclass	亚纲	亞綱
subcosta	亚前缘脉	亞前緣脈
subcostal sclerite	亚前缘骨片	亞前緣骨片
subdorsal seta	亚背毛	亞背毛
subfamily	亚科	亞科
subgalea	亚外颚叶	亞外顎葉
subgenal sutures	颊下沟	頰下縫
subgenital seta	亚殖毛	亞殖毛
subgenus	亚属	亞屬
subhumeral seta	亚肩毛,基节间毛	亞肩毛

英 文 名	大 陆 名	台 灣 名
subimago	亚成虫	亞成蟲
subintegumental scolophore	离壁具橛胞	離皮導音管
sublamella	亚叶	亞葉
submarginal seta	亚缘毛,边毛	亞緣毛
submentum	亚颏	下唇亞基節
submidian seta	亚中毛	亞中毛
subnymph	拟蛹	亞若蟲
suboesophageal ganglion	食道下神经节	食道下神經球
suborder	亚目	亞目
subpharyngeal nerve	咽下神经	食道下神經
subscaphium(=gnathos）	颚形突	匙狀突
subsocial insect	亚社会性昆虫	亞社會性昆蟲
subspecies	亚种	亞種
subterminala	亚端毛	亞端毛
subterminal seta(=subterminala）	亚端毛	亞端毛
subtribe	亚族	亞族
succincti	缢蛹	縊蛹
succursal nest	蔽身巢	蔽身巢
sulcatol	食菌甲诱醇	食菌甲誘醇
sulci(单 sulcus）	沟	刻溝
sulcus （复 sulci）	沟	刻溝
supercooling point	过冷却点	過冷卻點
superfamily	总科	總科
superficial cleavage	表面卵裂	表面卵裂
superficial germ band	表胚带	外層胚帶
superior orbitals	上眶鬃	上眶剛毛
superior pleurotergite	上侧背片	上側背片
superorder	总目	總目
superparasitism	过寄生	過寄生
superposition eye	重叠眼	重疊像眼
superposition image	重叠像	重疊影像
superspecies	总种	超種
supertribe	总族	總族
supraalar bristle	翅上鬃	翅基頂剛毛
supraanal plate(=epiproct）	肛上板	肛上板
supracoxal fold	基节上褶	基節上褶
supracoxal gland	基节上腺	基節上腺
supracoxal seta	基节上毛	①基節上毛 ②上基節

英　文　名	大　陆　名	台　灣　名
		剛毛
supraepisternum (= anepisternum)	上前侧片	上前側片
supraesophageal organ	食道上器官	食道上器官
supraoesophageal ganglion (= cerebrum)	食道上神经节 (= 脑)	食道上神經球 (= 腦)
suranal plate (= pygidium)	臀板	臀板
surface active agents (= surfactant)	表面活性剂	表面活性劑
surfactant	表面活性剂	表面活性劑
surstyli (单 surstylus)	侧尾叶	尾背尖突
surstylus (复 surstyli)	侧尾叶	尾背尖突
survival rate	存活率	生存率
susceptibility	感受性	感受性
suspensi	垂蛹	垂蛹
suspensorium of the hypopharynx (= futurae)	舌悬骨	下咽頭懸骨
suspensory ligament	悬韧带	懸垂絲
suture	缝	縫線
swarming	①分蜂 ②涌散	①分蜂,群飛 ②湧散
symbiogenesis	共生起源	共生進化
symbiosis	共生	共生
sympathetic nervous system	交感神经系统	交感神經系統
sympatric hybridization	同域杂交	同域雜交
sympatric speciation	同域物种形成	同域種化
symphile (= myrmecoxene)	蚁客	蟻客
symphily (= metochy)	客栖	客棲
Symphyla	综合纲	綜合綱
Symphypleona	愈腹亚目	合腹亞目
Symphyta	广腰亚目	廣腰亞目
symplesiomorphy	共同祖征	共同祖徵
symport	同向转运	同向傳送
symptom	症状	症狀
symptomatology	症状学	症狀學
syn. (= synonym)	同物异名	同物異名
synapomorphy	共同衍征	共同裔徵
synaptic cleft	突触间隙	觸突間隙
synaptic frequency	[视]突触频率	突觸頻率
synaptic gap (= synaptic cleft)	突触间隙	觸突間隙
synaptic plasticity	突触可塑性	突觸可塑性
synaptic transmission	突触传递	突觸間傳遞

英　文　名	大　陆　名	台　灣　名
synaptic vesicle	突触小泡	觸突小泡
synaptosome	突触小体	觸突小體
synchronous muscle	同步肌	同步肌
synclerobiosis	偶然共栖	偶然共棲
syndiacony	蚁植共生	蟻植共生
syndrome	综合症状	徵候群
synecthran	蚁盗,盗食者	盜食者
synecthry	强行共栖	強迫共棲
synergic difference(SD)	增效差	協力差
synergic ratio(SR)	增效比	協力比
synergism	增效作用	協力作用
synergist	增效剂	協力劑
synganglion	合神经节	合神經節
synoëcy(＝metochy)	客栖	客棲
synoëkete	客虫	客蟲
synomone	互益素	互益素
synonym(syn.)	同物异名	同物異名
synparasitism	共寄生	共寄生
synsternite	合腹节	合腹節
syntype	全模(同模)	同模
systematics	系统学	系統分類學
systematic sampling	系统抽样法	系統取樣法
systemic insecticide	内吸杀虫剂	系統性殺蟲劑

T

英　文　名	大　陆　名	台　灣　名
tachygenesis	简缩发生	簡縮發生
tachykinin	速激肽	速激肽
tactile communication	触觉通讯	觸覺通訊
tactile seta	触毛	觸毛
taenidia(单 taenidium)	螺旋丝	螺旋帶
taenidium(复 taenidia)	螺旋丝	螺旋帶
tagma(复 tagmata)	体段	體段
tagmata(单 tagma)	体段	體段
tagmosis	体段划分	體節分段法
tanyblastic germ band	长胚带	長胚帶
target resistance	靶标抗性	標的物抗性

英　文　名	大　陆　名	台　灣　名
target site	靶标部位	作用部位
tarsala	须跗毛	跗毛,觸跗毛
tarsal cluster	跗[节]毛束	跗[節]毛束
tarsal pads	跗爪垫	跗爪墊
tarsal pulvillus	跗垫	跗節褥盤
tarsal sensillum	跗感器	跗感器
tarsi（单 tarsus）	跗节	跗節
tarsomere	跗分节	跗節亞節
tarsonemid mite	跗线螨	細螨
Tarsonemina	跗线螨亚目	跗線螨亞目,細螨亞目
tarsungulus	跗爪	跗爪
tarsus（复 tarsi）	跗节	跗節
Tau ridge	T 脊（T **形脊**）	T 形脊
tautonymous name（ = tautonymy）	重名	重名
tautonymy	重名	重名
taxa（单 taxon）	分类单元	分類單元
taxis	趋性	趨性
taxon（复 taxa）	分类单元	分類單元
taxonomy	分类学	分類學
tectocuticle	盖表皮	凝固層
tectopedium（ =pedotecta）	足盖	足蓋,頂區
tectostracum	盖角层	蓋角層
tectum	头盖[突]	頭蓋
tegmen（复 tegmina， =proala coriacea）	覆翅	翅覆
tegmina（单 tegmen）	覆翅	翅覆
tegula（复 tegulae）	翅基片	翅基板
tegulae（单 tegula）	翅基片	翅基板
tegumen	背兜	生殖蓋
teleiophane	①成蛹（ =imagochrysa-lia）②终蛹（ =teleo-chrysalis）	①成蛹（ =imagochrysa-lia）②终蛹（ =teleo-chrysalis）
teleochrysalis	终蛹	終蛹
telofemorala	端股棘（**端腿感棒**）	端腿感棒
telofemur	端股节,端腿节	端腿節
telopodite	端肢节	肢端節
telosomal seta	尾毛	尾毛
telosome	尾体	尾體,節後板
telotarsus	端跗节	端跗節

英　文　名	大　陆　名	台　灣　名
telotaxis	趋激性	趨激性
telotrophic ovariole	端滋卵巢管	端滋型微卵管
telotrophic ovary	端滋卵巢	端滋型卵巢
telson(= periproct)	尾节	尾節
temopora	上颊	上頰
temple	下颊	下頰
temporal resolution	时间分辨	時間分辨
temporal seta	颞毛	顳毛
tenaculum	握弹器	攫握器
tenellin	卵孢白僵菌素	卵孢白僵菌素
tenent hair	黏毛	黏毛
tentoria(单 tentorium)	幕骨	幕狀骨
tentorial pit	幕骨陷	幕狀骨穴
tentorium(复 tentoria)	幕骨	幕狀骨
tenuipalpid mite	细须螨	偏葉蟎
teratocyte	畸形细胞	畸形細胞
teratogenesis	畸形发生	畸形發生
teratology	畸形学	畸形學
Terebrantia	锥尾部	錐尾部
terga(单 tergum)	背板	背板
tergite	背片	背骨片(背片)
tergites ring	背环	背環
tergum (复 terga)	背板	背板
terminal filament	端丝	端韌帶
terminalia	尾器	端合節
terminal knob	端锤	端錘,端球,端瘤
terminal sensillum	端感器	末端感覺毛
termitarium	白蚁巢	白蟻巢
territoriality	领域性	領域
territorial pheromone	领域信息素	領域費洛蒙
territory defence	领域防御	領域防禦
tertiary consumer	三级消费者	三級消耗者
tertiary parasitism	三次寄生(三级寄生)	三級寄生
testes(单 testis)	精巢	精巢
testicular follicle(=testicular tube)	精巢管	微精管
testicular tube	精巢管	微精管
testis (复 testes)	精巢	精巢
Tetramera	四跗类	四節類(四跗類)

英 文 名	大 陆 名	台 湾 名
tetranactin	杀螨素	殺蟎素
tetranychid mite	叶螨	葉蟎
thanatosis	假死	假死
thanosome	大体	大體
theileriasis	泰勒虫病	泰勒蟲病
thelyotoky	产雌孤雌生殖	產雌單性生殖
theory of island biogeography	岛屿生物地理学说	島嶼生物地理學說
thermal hysteresis protein	热滞蛋白	熱滯蛋白
thermotaxis	趋温性	趨溫性
thigmotaxis	趋触性	趨觸性
thoraces(单 thorax)	胸部	胸部
thoracic calypter(=lower squama)	下腋瓣	下腋瓣
thoracic ganglion	胸神经节	胸神經球
thoracic gland	胸唾腺	胸腺
thoracic leg	胸足	胸足
thorax(复 thoraces)	胸部	胸部
thread press	压丝器	注絲器
three-host tick	三宿主蜱,三寄主蜱	三寄主蜱
threshold of development	发育起点温度	發育臨界溫度
thumb-claw complex	须[肢]爪复合体	鬚爪複合體
thuringiensin(=β-exotoxin)	苏云金素(=β 外毒素)	蘇力菌素(=β 外毒素)
thyridial cell	明斑室	扇室
Thysanoptera	缨翅目	纓翅目
Thysanura	缨尾目	纓尾目
tibia(复 tibiae)	胫节	脛節
tibiae (单 tibia)	胫节	脛節
tibiala	胫毛	脛毛
tibial seta(=tibiala)	胫毛	脛毛
tibial spur	胫节距	脛距
tibiotarsus	胫跗节	脛跗節
tick-borne encephalitis	蜱媒脑炎	蜱媒腦炎
tick-borne paralysis	蜱传麻痹症,蜱瘫	蜱傳痲痹症
tick-borne recurrens	蜱媒回归热	蜱媒回歸熱
tignum	殖弧梁	殖弧梁
timbal(=tympanum)	鼓膜	鼓膜
time lag	时滞	落遲
TIR(=topical/inject toxicity ratio)	点滴/注射毒性比率	局部/注射毒性比率

英　文　名	大　陆　名	台　湾　名
tissue-specific gene expression	组织特异基因表达	組織特異基因表現
tocospermic type	纳精型	納精型
token stimulus	信号刺激	信號刺激
tolerance	耐受性	耐受性
tomentum(=pubes)	绵毛	綿毛
tonic receptor	紧张感受器	聲音感受器
tonofibrilla(复 tonofibrillae)	皮肌纤维	表皮纖維
tonofibrillae(单 tonofibrilla)	皮肌纤维	表皮纖維
toosendanin	川楝素	川楝素
topical application	点滴法	局部施藥法
topical/ inject toxicity ratio(TIR)	点滴/注射毒性比率	局部/注射毒性比率
topochemical sense	化源感觉	化源感覺
topotaxis	趋位性	趨位性
topotype	地模	地模
top predator	顶位捕食者	頂位捕食者
tormogen	膜原细胞	臼細胞
tormogen cell(=tormogen)	膜原细胞	臼細胞
total population management	全种群治理	全族群治理
toxemia	毒血症	毒血症
toxicodynamics	毒理动力学	毒理動力學
toxinosis	中毒症	毒素病
trachea(复 tracheae)	气管	氣管
tracheae (单 trachea)	气管	氣管
tracheal camera(=tracheal recess)	气管龛	氣管龕
tracheal commissure	气管连索	氣管連鎖
tracheal gill	气管鳃	氣管鰓
tracheal recess	气管龛	氣管龕
tracheal system	气管系统	氣管系統
tracheoblast	成气管细胞	微管胚
tracheole	微气管	微氣管
Trägårdh's organ	特氏器	特氏器
trail pheromone	踪迹信息素	蹤跡費洛蒙
transductory cascade	转导级联	傳導效應
transfer efficiency	传递效率	傳遞效率
transformational mimicry	变形拟态	變形擬態
translamella	横叶	橫葉
transovarian transmission	经卵巢传递	經卵巢傳播
transovum transmission	经卵表传递	經卵傳播

英　文　名	大　陆　名	台　灣　名
trans-stadial transmission	经发育期传递	經發育期傳播
transtilla	横带片,抱器背基突	橫突片
transverse muscle(拉 musculus transversalis)	横肌	橫肌
transverse orientation	横向定位	橫向定位
trap	诱捕器	誘捕器
tree-top disease	树顶病	樹頂病
trehalase	海藻糖酶	海藻糖酶
trehalose	海藻糖	海藻糖,花粉糖
triangle gait	三角步法	三角步法
tribe	族	族
trichobothria(单 trichobothrium)	①点毛 ②蛊毛	①毛斑 ②假氣門器,感器,蛊毛
trichobothrium(复 trichobothria)	①点毛 ②蛊毛	①毛斑 ②假氣門器,感器,蛊毛
trichogen	毛原细胞	生毛細胞
trichogenous cell(=trichogen)	毛原细胞	生毛細胞
trichoid sensillum(拉 sensillum trichodeum)	毛形感器	毛狀感覺器
Trichoptera	毛翅目	毛翅目
tricuspid cap	三角冠	三角冠
trigoneutism(=trivoltine)	三化性	三化性
trimedlure	地中海实蝇性诱剂	地中海果實蠅性誘劑
Trimera	三跗类	三節類(三跗類)
trimorphism	三型现象	三態性,三型性
trinomen	三名法	三名法
trinominal name(=trinomen)	三名法	三名法
trionminal nomenclature(=trinomen)	三名法	三名法
tritocerebrum	后脑	第三大腦,食道葉
tritonymph	第三若螨	第三若蟎
tritosternal base	胸叉基	胸叉基
tritosternum	胸叉,第三胸板	第三胸板
triungulid	拟三爪蚴	擬三爪型
triungulin	三爪蚴	三爪型(三爪蚴)
trivial flight(=appetitive flight)	琐飞	斷續飛行
trivoltine	三化性	三化性
trochanter	转节	轉節
trochanter seta	转节毛	轉節毛

英 文 名	大 陆 名	台 灣 名
trochanter spur	转节距	轉節距
trochantin	基转片	轉動小片
trochantinopleura（=eutrochantin）	基侧片	真轉節區，基側片
Troctomorpha	粉啮亚目	粉嚙亞目
Trogiomorpha	窃啮亚目	竊嚙亞目
trombiculid mite（=chigger mite）	恙螨	恙蟎
trombiculosis	恙螨皮炎	恙蟎皮炎
trophallactic gland	交哺腺	交哺腺
trophallaxis	交哺现象	交哺現象
trophamnion	滋养羊膜	滋養羊膜
trophi（=mouthparts）	口器	口器
trophic plasticity	食性可塑性	營養可塑性
trophic spectrum	食谱	食譜
trophic states	营养层位	營養層位
trophic structure	营养结构	營養結構
trophobiont	食客	營養性共生生物
trophocyte	滋养细胞	滋養細胞
trophogeny	食物异级	營養異級
true somites（=primary segments）	初生节	原生節
tsutsugamushi disease	恙虫病	恙蟎病
tubulus annulatus	环管	環管
tularaemia	土拉菌病,兔热病	土拉菌病
two-host tick	二宿主蜱,二寄主蜱	二寄主蜱
two-state character	二态性状	二態特徵
tympana（单 tympanum）	鼓膜	鼓膜
tympanal lobe	鼓膜叶	鼓膜葉
tympanal organ（=tympanic organ）	听器，鼓膜器	鼓膜器，聽器
tympanic organ	听器，鼓膜器	鼓膜器，聽器
tympanic pit	听膜小窝	聽膜小窩
tympanic tuft	听膜簇	聽膜簇
tympanum（复 tympana）	鼓膜	鼓膜
type locality	模式产地	模式產地
type species	模式种	模式種
type specimen	模式标本	模式標本
tyrosine phenol-lyase	酪氨酸酚溶酶	酪氨酸溶酶

U

英　文　名	大　陆　名	台　灣　名
unci(单 uncus)	爪形突	釣器
uncus(复 unci)	爪形突	釣器
unguiculi(单 unguiculus)	小爪	小端爪
unguiculus(复 unguiculi)	小爪	小端爪
unguitractor plate	掣爪片	牽爪筋板
uniform distribution	均匀分布	均匀分佈
uniordinal crochets	单序趾钩	單序趾鉤
upper squama	上腋瓣	上腋瓣
urate cell	尿酸盐细胞	尿酸鹽細胞
urban entomology	城市昆虫学	都市昆蟲學
urocyte(=urate cell)	尿酸盐细胞	尿酸鹽細胞
urogomphi(单 urogomphus)	尾突	尾突
urogomphus(复 urogomphi)	尾突	尾突
Uropodina	尾足螨亚目	尾足蟎亞目
urticating hair	螫毛	刺毛,毒腺毛
useful insect	有用昆虫	有用昆蟲

V

英　文　名	大　陆　名	台　灣　名
vagina	①阴道 ②生殖腔 (=genital chamber)	陰道
vagrant	扩散蚜	擴散蚜
valid name	有效名	有效名
valvae	抱器瓣	產卵管鞘
valvifer	负瓣片	產卵管基片
valvula vulvae	阴门瓣	性鞘瓣
vannal fold	臀褶	摺脈
vannal region	臀区	臀區
vannus(=vannal region)	臀区	臀區
vasa deferentia(单,拉 vas deferens)	输精管	輸精管
vasa mucosa(拉, =Malpighian tube)	马氏管	馬氏小管
vas deferens (拉, 复 vasa deferentia,	输精管	輸精管

英　文　名	大　陆　名	台　灣　名
=seminal duct)		
vector	介体	載體,病媒
vegetative cell phase	营养体时期	營養體期
vein	翅脉	翅脈
veinlet	小翅脉	小翅脈
vein sector	脉段	脈段
velocity parallax	速度视差	速度視差
venation	脉序,脉相	脈相
vent(=anus)	肛门	肛門
ventilation trachea	换气气管	通氣氣管
ventral diaphragm	腹膈	腹膈膜
ventral hysterosomal seta	后半体腹毛	後半體腹毛
ventralia	腹片	腹片
ventral impression	腹痕	腹痕
ventral muscle(拉 musculus ventralis)	腹肌	腹肌
ventral nerve cord	腹神经索	腹神經索
ventral plate	腹板	腹板
ventral platelet(=ventralia)	腹片	腹片
ventral ridge	腹脊	腹脊
ventrals	腹毛	腹毛
ventral seta(=ventrals)	腹毛	腹毛
ventral setation formula	腹毛式	腹毛列
ventral shield(=ventral plate)	腹板	腹板
ventral tibial seta	胫腹毛	脛腹毛
ventral trachea	腹气管	腹氣管
ventral tracheal commissure	腹气管连索	腹氣管連鎖
ventral tracheal trunk	腹气管干	腹氣管幹
ventri-anal shield	腹肛板	腹肛板
ventro-anal plate(=ventri-anal shield)	腹肛板	腹肛板
ventrogladularia	腹腺毛	腹腺毛
ventrosejugal enantiophysis	腹颈沟突	腹頸溝突
ventrovalvula(复 ventrovalvulae)	腹产卵瓣	腹産卵瓣
ventrovalvulae(单 ventrovalvula)	腹产卵瓣	腹産卵瓣
vernacular name (=common name)	俗名	俗名
verruca	毛瘤	叢毛瘤突(**毛瘤**)
vertebrate selectivity ratio(VSR)	脊椎动物选择性比例	脊椎動物選擇性比例
vertex	头顶	頭頂
vertical bristle	顶鬃	頭頂剛毛

英　文　名	大　陆　名	台　灣　名
vertical distribution	垂直分布	垂直分佈
vertical orbitals（=superior orbitals）	上眶鬃	上眶剛毛
vertical seta	顶毛	頂毛
vertical transmission	垂直传递	垂直傳播
vesica	阳茎端膜	包膜
vesicular seta	囊毛	囊毛
vesicula seminalis（拉，=seminal vesicle）	贮精囊	貯精囊
vesparium	胡蜂巢	胡蜂巢
vespulakinin	蜂舒缓激糖肽	蜂舒緩激糖肽
veterinary entomology	兽医昆虫学	獸醫昆蟲學
vexillum	膨大跗端	撥掘肢
Vg（=vitellogenin）	卵黄原蛋白	卵黄原蛋白
vibrissa（复 vibrissae）	髭	頰髭
vibrissae（单 vibrissa）	髭	頰髭
vibrissal angle	髭角	頰角
vicariance	分衍	地理分隔
vicarism	替代现象	分隔現象
vigor tolerance	总耐力	體質耐受性
villi（单 villus）	绒毛	絨毛
villus（复 villi）	绒毛	絨毛
vinculum	基腹弧	負性片
violaxanthin	紫黄质	紫黄質
viral disease	病毒病	病毒病
viral flacherie	病毒性软化病	病毒性軟化病
virginogenia（复 virginogeniae）	孤雌胎生蚜	孤雌胎生蚜
virginogeniae（单 virginogenia）	孤雌胎生蚜	孤雌胎生蚜
virion	病毒粒子	病毒粒子
virogenic stroma	病毒发生基质	病毒形成團
viroplasm（=virogenic stroma）	病毒发生基质	病毒形成團
virosis（=viral disease）	病毒病	病毒病
virulence	致病力,毒力	致病力
virus bundle	病毒束	病毒束
visceral muscle（拉 musculus viscerum）	脏肌	內臟肌
visceral nervous system（=sympathetic nervous system）	内脏神经系统（=交感神经系统）	內臟神經系統（=交感神經系統）
visceral segment	生殖前节	生殖前節
visual acuity	视敏度	視敏度

英 文 名	大 陆 名	台 灣 名
visual communication	视觉通讯	視覺通訊
visual guidance	视觉制导	視覺導航
visual induced response	视觉诱发反应	視覺誘發反應
visuomotor system	视动系统	視動系統
vitellarium	生长区	卵黃區
vitellin(Vt)	卵黄蛋白	卵黃蛋白
vitellogenesis	卵黄发生	卵黃發生
vitellogenin	卵黄原蛋白	卵黃原蛋白
vitellophage	消黄细胞	食卵黃細胞
vitellus	卵黄	卵黃
vitreous body(=crystalline cone)	玻璃体(=晶锥)	透明體(=圓晶錐體)
volsella	阳茎基腹铗	陰莖鉗
voltage clamp	电压钳	電壓鉗
voltinism	化性	化性
vomer subanalis	肛下犁突	肛下犁突
VSR(=vertebrate selectivity ratio)	脊椎动物选择性比例	脊椎動物選擇性比例
Vt(=vitellin)	卵黄蛋白	卵黃蛋白
vulva	阴门	陰戶
vulvar scale(=hypandrium)	下生殖板	陰部鱗板

W

英 文 名	大 陆 名	台 灣 名
Wadtracht disease	杉毒病	杉毒病
waggle dance	摆尾舞	蜜蜂擺尾舞
wagtail dance(=waggle dance)	摆尾舞	蜜蜂擺尾舞
wandering phase	游移期,漫行期	遊移期,漫行期
warning coloration	警戒色	警戒色
Wasmannian mimicry	瓦斯曼拟态	惠斯曼擬態
water mite	水螨	水蟎
wax filaments	蜡丝	蠟絲
Weismann's ring(=ring gland)	魏氏腺(=环腺)	
wetland ecosystem	湿地生态系统	濕地生態系
wheat streak mosaic	小麦条纹花叶病	小麥條嵌紋病
white-muscardine	白僵病	白僵病
wilt disease	萎缩病	萎凋病
wind tunnel	风洞	風洞
wing	翅	翅

英　文　名	大　陆　名	台　湾　名
wipfel disease（＝tree-top disease）	树顶病	樹頂病
With's organ	威瑟器	威氏器
worker	工蜂	工蜂,工蟻

X

英　文　名	大　陆　名	台　湾　名
xanthommatin	眼黄素	眼黄素
xenic cultivation	非纯培养	非純培養
xenobiontics	异生物质,外源化合物	異生物質
xenobiosis	宾主共栖	賓主共棲

Y

英　文　名	大　陆　名	台　湾　名
yellow muscardine	黄僵病	黄僵病
yolk（＝vitellus）	卵黄	卵黄
yolk protein（＝vitellin）	卵黄蛋白	卵黄蛋白

Z

英　文　名	大　陆　名	台　湾　名
Zeugloptera	轭翅亚目	軛翅亞目
zigzag flight	锯齿形飞行	鋸齒形飛行
zone of acarina	螨类群落带	蟎類分佈帶
Zoraptera	缺翅目	缺翅目
Zygentoma	衣鱼亚目,衣鱼目	衣鱼亞目
Zygoptera	均翅亚目	均翅亞目

附　　录

附录1　海峡两岸主要农林害虫名称

拉 丁 学 名	大 陆 名 称	台 灣 名 稱
Acroceratitis plumose Hendel	笋刺角实蝇	竹筍實蠅
Acyrthosiphon pisum（Harris）	豌豆蚜	豌豆蚜
Adoretus sinicus Burmeister	毛臀喙丽金龟	長金龜
Adoxophyes orana（Fischer von Röslerstamm）= *Adoxophyes privatara* Walker	棉褐带卷蛾,苹卷叶蛾	茶姬捲葉蛾,小角紋捲葉蛾
Agrotis ypsilon（Rottemberg）	小地老虎	球菜夜蛾
Ahasverus advena（Waltl）	米扁虫	背圓粉扁蟲
Aiceona actinodaphis Takahashi	木姜子伪短痣蚜	黄肉樹蚜
Aleurocanthus spiniferus（Quaintance）	橘刺粉虱	刺粉蝨,柑橘刺粉蝨
Alissonotum impressicolle Arrow	突背蔗犀金龟	蔗龜,黑圓蔗龜
Alphitobius diaperinus Panzer	黑粉虫	外米偽步行蟲,米偽步行蟲
Ancylolomia chrysographella Koller	金纹稻巢螟	稻巢螟
Andraca bipunctata Walker	三线茶蚕蛾	茶蠶
Anomala cupripes Hope	红脚异丽金龟	赤腳青銅金龜,赤腳銅金龜
Anoplophora chinensis（Förster）	星天牛	中國斑星天牛,柑橘星天牛
Anoplophora malasiaca Thomson	白斑星天牛	星天牛,斑星天牛,桑斑天牛
Aonidiella aurantii（Maskell）	红圆蹄盾蚧	紅圓介殼蟲
Aphis craccivora Koch	豆蚜	豆蚜
Aphis glycines Matsumura	大豆蚜	大豆蚜
Aphis gossypii Glover	棉蚜	棉蚜,茄子棉蚜
Aphis nerii Boyer de Fonscolombe	夹竹桃蚜	夾竹桃蚜
Aphis pomi von de Geer	苹果蚜	蘋果蚜蟲
Aphis spiraecola Patch = *Aphis citricola*	绣线菊蚜	捲葉蚜,梨緑蚜蟲

拉 丁 学 名	大 陆 名 称	台 灣 名 稱
van der Goot		
Apoda dentatus Oberthur	锯纹歧刺蛾,紫刺蛾	紫刺蛾
Apriona germari（Hope）	桑天牛	桑天牛
Araecerus fasciculatus（De-Geer）	咖啡长角象	長角象鼻蟲,棉長鬚象蟲
Argyroploce schistaceana Snellen = *Tetramoera schistaceana*（Snellen）= *Eucosoma schistaceana* Snellen	甘蔗条小卷蛾	黃螟
Ascotis selenaria（Denis et Schiffermuller）	大造桥虫	瘤尺蠖
Aspidiotus destructor Signoret	透明圆盾蚧	淡圓介殼蟲
Astegopteryx bambusifoliae（Takahashi）	竹舞蚜	麻竹葉扁蚜
Aulacaspis mangiferae Newstead	芒果白轮蚧	芒果白介殼蟲
Aulacaspis rosae Bouche	玫瑰白轮蚧	薔薇白介殼蟲
Aulacophora indica（Gmelin）= *Aulacophora femoralis*（Motschulsky）	印度黄守瓜	黃守瓜
Aulacophora nigripennis Motschulsky	黑足黑守瓜	黑守瓜
Bactrocera（*Zeugodacus*）*cucurbitae*（Coquillett）	瓜实蝇	瓜實蠅,瓜蠅
Bactrocera dorsalis（Hendel）	橘小实蝇	東方果實蠅
Baris deplanata Roelofs	桑船象	桑姬象鼻蟲
Batrachedra arenosella Walker	椰子尖蛾	淡尖細蛾
Biston marginata Shiraki	油茶尺蛾	圖紋尺蠖
Brachytrupes portentosus（Lichtenstein）	花生大蟋蟀	台灣大蟋蟀
Brachycaudus helichrysi（Kaltenbach）	李短尾蚜	舌尾蚜
Bradina admixtalis（Walker）	稻暗水螟	稻卷葉螟
Brevicoryne brassicae（Linnaeus）	甘蓝蚜	菜蚜
Brevipalpus obovatus Donnadieu	卵形短须螨	卵形偽葉蟎,錫蘭偽葉蟎,奥波維他擬葉蟎
Brevipalpus phoenicis（Geijskes）	紫红短须螨	紫偽葉蟎
Brontispa longissima Gestro	椰子扁潜甲	椰子扁金花蟲,椰子紅胸叶虫
Calacarus carinatus（Green）	龙首茶丽瘿螨	紫銹蜱
Callosobruchus chinensis（Linnaeus）	绿豆象	綠豆象
Carpophilus dimidiatus（Fabricius）	脊胸露尾甲	黑出尾蟲
Casmara patrona Meyrick	茶织叶蛾	茶木窟蛾,茶凋木蛾
Cavelerius saccharivorus（Okajima）= *Ischnodemus saccharivorus* Okajima	甘蔗异背长蝽,甘蔗长蝽	小翅椿象,短翅椿象
Ceratovacuna lanigera Zehntner	甘蔗粉角蚜	甘蔗棉蚜蟲

拉 丁 学 名	大 陆 名 称	台 湾 名 称
Ceroplastes ceriferus（Anderson）	角蜡蚧	角蠟蟲
Ceroplastes floridensis Comstock	佛州龟蜡蚧,龟蜡蚧	龜甲蠟蟲,佛州蠟蟲
Ceroplastes pseudoceriferus Green	伪白蜡蚧	角蠟介殼蟲
Ceroplastes rubens Maskell	红蜡蚧	紅蠟蟲,紅蠟介殼蟲
Cerura menciana Moore	杨二尾舟蛾	柳天社蛾
Cervaphis quercus Takahashi	栎刺蚜	麻櫟刺蚜
Chilo auricilius（Dudgeon）= *Diatraea auricilius* Dudgeon	台湾稻螟	台灣稻螟
Chilo sacchariphagus stramineellus（Caradja）= *Proceras venosatum*（Walker）	高粱条螟,甘蔗条螟	條螟
Chilo suppressalis（Walker）	二化螟	二化螟
Chilotraea infuscatella（Snellen）	二点螟	二點螟
Chlumetia transversa（Walker）	横线尾夜蛾	芒果螟蛾
Chromatomyia horticola（Gouraeu）	豌豆彩潜蝇	豌豆葉潛蠅,韭潛蠅
Chrysocoris grandis（Thunberg）	丽盾蝽	油桐大椿象
Chrysomphalus aonidum（Linnaeus）	褐圆金顶盾蚧	褐圓介殼蟲
Chrysomphalus aurantii Maskell	橘红肾盾蚧	紅圓介殼蟲
Cinara formosana（Takahashi）	马尾松大蚜	台灣大蚜
Cirrhochrista brizoalis Walker	圆斑黄缘禾螟	黃紋大螟蛾
Cnaphalocrocis medinalis Guenée	稻纵卷叶野螟,稻纵卷叶螟	瘤野螟
Coccus elongatus Signoret	长软蚧	長介殼蟲
Coccus hesperidum Linnaeus	褐软蚧	扁介殼蟲
Coccus viridis（Green）	绿软蚧	綠介殼蟲
Colasposoma dauricum（Mannerheim）	甘薯叶甲	甘薯猿葉蟲
Conopomorpha sinensis Bradley	荔枝细蛾	荔枝細蛾,荔枝蒂蛀蟲
Corcyra cephalonica（Stainton）	米螟	外米綴蛾
Cornimytilus machili（Maskeili）	兰眼蛎盾蚧	豬腳楠牡蠣介殼蟲
Cornimytilus pinnaeformis（Bouch）	针型眼蛎盾蚧	樟牡蠣介殼蟲
Cosmopolites sordidus（Germar）	香蕉黑筒象	香蕉球莖象鼻蟲
Crioceris orientalis Jacoby	东方负泥虫	蘆筍東方金花蟲
Crocidolomia binotalis Zeller	甘蓝缨翅野螟	大菜螟,菜螟
Cryptolestes ferrugineus（Stephens）	锈赤扁谷盗	角胸粉扁蟲
Cryptolestes pusillus Schoenherr	长角扁谷盗	角胸扁蟲
Cryptolestes turcicus（Grouville）	小锈扁谷盗	小角胸扁蟲
Cylas formicarius Fabricius	甘薯象	甘藷蟻象
Delia platura（Meigen）	灰地种蝇	灰地種蠅
Dendrolimus punctatus（Walker）	马尾松毛虫	松毛蟲

拉 丁 学 名	大 陆 名 称	台 灣 名 稱
Diaphania indica (Saunders) = *Margaronia indica* (Saunders)	瓜绢野螟, 瓜螟	瓜螟
Diaphorina citri Kuwayama	柑橘呆木虱	柑橘木蝨
Dinoderus minutus (Fabricius)	竹竿粉长蠹	長小蠹蟲
Donacia lenzi Schönfeldt	多齿水天牛	食根金花蟲
Dorysthenes hydropicus (Pascoe)	曲牙土天牛	甘蔗鋸天牛
Dysdercus cingulatus (Fabricius) = *Dysdercus megalophagus* Breddin	棉红蝽, 离斑棉红蝽	赤星椿象
Dysmicoccus brevipes (Cockerell) = *Pseudococcus brevipes* Cockerell	菠萝交粉蚧	粉介殼蟲, 鳳梨粉介殼蟲
Echinonemus squameus Billberg	稻象	稻象鼻蟲
Empoasca flavescens (Fabricius) = *Chlorita formosana* Paoli	小绿叶蝉	花生小綠葉蟬, 茶小綠葉蟬
Eoeurysa flavocapitata Muir	甘蔗扁飞虱	黃頭飛蝨
Ericerus pela Chavannes	白蜡蚧	白蠟蟲
Eriophyes litchii (Keifer) = *Aceria litchii* Keifer	荔枝瘿螨	銹蟎, 荔枝氈蟎
Erthesina fullo (Thunberg)	麻皮蝽, 黄胡麻斑蝽	黃斑椿象
Etiella zinckenella Treitschke	豆荚斑螟	白緣螟蛾
Eucosma notanthes Meyrick	杨桃花小卷蛾	楊桃花姬捲葉蛾, 楊桃果實蛀蟲
Euproctis pseudoconspersa Strand = *Euproctis conspersa* Butler	茶毒蛾, 茶毛虫	茶毒蛾
Euproctis taiwana (Shiraki) = *Porthesia taiwana* Shiraki	台湾黄毒蛾	葡萄黃毒蛾
Eutetranychus orientalis (Klein)	东方真叶螨	東方褐葉蟎
Ferrisiana virgata (Cockerell)	桔腺刺粉蚧	大長尾粉介殼蟲
Formoaphis micheliae Takahashi	白兰花桂蚜	烏心石蚜, 玉蘭干綿蚜
Frankliniella intonsa (Trybom)	花蓟马	台灣花薊馬
Fulmekiola serrata (Kobus) = *Thrips serrata* Kobus	蔗腹齿蓟马	甘蔗薊馬, 甘蔗小薊馬
Galleria mellonella Linnaeus	大蜡螟	蠟螟, 蠟蛾
Gargara genistae (Fabricius)	黑圆角蝉	黑角蟬
Gastrozona fasciventris (Macquart)	笋黄羽角实蝇, 笋黄实蝇	帶腹瘦實蠅
Gnathocerus cornutus Fabricius	阔角谷盗	闊角穀盜
Gnathocerus maxillosus Fabricius	细角谷盗	細擬穀盜
Greenidea formosana (Maki)	台湾毛管蚜	台灣多毛蚜

拉 丁 学 名	大 陆 名 称	台 灣 名 稱
Halticus minutus Reuter	甘薯跳盲蝽	甘藷跳盲蝽
Haplothrips chinensis Priesner	华简管蓟马	中國薊馬
Helicoverpa armigera (Hübner)	棉铃虫	玉米穗夜蛾,番茄夜蛾
Helicoverpa assulta (Guenée)	烟青虫,烟夜蛾	菸草青蟲,菸草蛾
Hellula undalis (Fabricius)	菜心野螟	菜心螟
Helopeltis fasciaticollis Poppius	台湾角盲蝽,台湾刺盲蝽	茶角盲椿象
Henosepilachna vigintioctopunctata (Fabricius)	马铃薯二十八星瓢虫	茄二十八星瓢蟲,二十八星瓢蟲
Hieroglyphus annulicornis (Shiraki)	斑角蔗蝗	斑角蝗
Holotrichia formosana Moser	台齿爪鳃金龟	台灣栗色金龜
Holotrichia horishana Niijima et Kinoshita	埔里齿爪鳃金龟	埔里黑金龜
Holotrichia sinensis Hope	华齿爪鳃金龟	台灣黑金龜
Homona coffearia Meyrick = *Homona menciana* Walker	柑橘长卷蛾	茶捲葉蛾
Homona magnanima Diakonoff	茶长卷蛾	茶捲葉蛾
Huechys sanguinea (de Geer)	红蝉	齒黑蟬
Hyalopterus pruni (Geoffroy)	桃粉大尾蚜	桃大尾蚜
Hydrellia sasakii Yuasa et Ishitani	日稻毛眼水蝇	稻心蠅
Hymenia recurvalis (Fabricius)	甜菜白带野螟	甜葉螟
Hypomeces squamosus Fabricius	蓝绿象	棉青大象鼻蟲
Icerya purchasi Maskell	吹绵蚧	吹綿介殼蟲
Icerya seychellarum Westwood	银毛吹绵蚧	岡田吹綿介殼蟲
Idioscopus clypealis (Lethierry)	龙眼扁喙叶蝉	芒果綠葉蟬,龍眼綠葉蟬
Indomegoura indica (van der Goot)	印度修尾蚜	黃花蚜
Kerria lacca Kerr	荔枝胶蚧	荔枝膠蟲
Laodelphax striatellus (Fallén)	灰飞虱,灰稻虱	斑飛蝨,斑蝨蟲
Lasioderma serricorne (Fabricius)	烟草窃蠹	菸甲蟲,倉庫菸甲蟲
Latheticus oryzae Waterhouse	长头谷盗	長首穀盜
Lepidosaphes beckii Newman	紫牡蛎蚧	牡蠣介殼蟲
Leucinodes orbonalis Guenée	茄白翅野螟	茄螟蛾
Lipaphis erysimi (Kaltenbach)	萝卜蚜	偽菜蚜
Liposcelis divinatorius Müller	书虱	茶蛀蟲
Liriomyza brassicae (Riley)	菜斑潜蝇	菜斑潛蠅
Liriomyza bryoniae (Kaltenbach)	番茄斑潜蝇	蕃茄斑潛蠅
Liriomyza cepae (Hering)	洋葱斑潜蝇	葱潛蠅
Liriomyza chinensis (Kato)	葱斑潜蝇	葱潛蠅

拉 丁 学 名	大 陆 名 称	台 灣 名 稱
Liriomyza sativae Blanchard	美洲斑潜蝇	蔬菜斑潛蠅
Liriomyza trifolii（Burgess）	三叶草斑潜蝇	非洲斑潛蠅,非洲菊斑潛蠅
Lissorhoptrus oryzophilus Kuschel	稻水象	水稻水象鼻蟲
Longiunguis sacchari（Zehntner）	高粱蚜	高粱蚜蟲
Lophocateres pusillus Klug	暹罗谷盗	暹羅穀盜
Lycorma delicatula White	斑衣蜡蝉	斑蠟蟬
Macrohomotoma gladiatum Kuwayama	榕木虱	高背木蝨
Macrosiphoniella sanborni（Gillette）	菊小长管蚜	菊小長管蚜,菊蚜,光褐菊蚜
Macrosteles sexnotatus（Fallén）= *Cicadula sexnotata* Fallén	六点叶蝉	六點葉蟬
Mampava bipunctella Ragonot	粟穗螟	粟穗螟
Maruca testulalis Geyer	豆荚螟,豆荚野螟	豆莢螟,豆螟
Melanagromyza dolichostigma de Meijere	豆梢黑潜蝇	大豆根潛蠅
Melanagromyza sojae（Zehntner）	豆秆黑潜蝇	大豆莖潛蠅,莖潛蠅
Melanaphis sacchari（Zehntner）= *Longiunguis sacchari* Zehntner	高粱蚜	黍蚜
Melanotus tamsuyensis Bates	蔗梳瓜叩甲	甘蔗櫛叩頭蟲,台灣甘蔗叩頭蟲
Mesosa perplexa（Pascoe）= *Pachyosa perplexa* Pascoe	桑象天牛	繁斑天牛,茶胡麻斑天牛
Microcephalothrips abdominalis（Crawford）	腹小头蓟马	菊花薊馬
Microceropsylla nigra Crawford	芒果小丽木虱	芒果木蝨
Mimela testaceoviridis Blanchard	黄闪彩丽金龟	黃艷金龜
Mogannia hebes Walker	绿草蝉	草蟬
Mylabris phalerata Pallas	大斑芫菁	大橫紋斑蝥
Myzus hemerocallis Takahashi	金针瘤蚜	黃花蚜,甘草瘤蚜
Myzus persicae（Sulzer）	桃蚜	桃蚜
Neotoxoptera formosana（Takahashi）= *Myzus formosanus* Takahashi	葱蚜	葱蚜,台灣瘤蚜
Nephopteryx pirivorella Matsumura	梨大食心虫,梨云翅斑螟	梨大食心蟲
Nephotettix apicalis（Stål）	二条黑尾叶蝉	黑尾葉蟬
Nephotettix cincticeps（Uhler）	黑尾叶蝉	偽黑尾葉蟬
Nephotettix virescens（Distant）	二点黑尾叶蝉	二點黑尾葉蟬
Nesodiprion japonica（Marlatt）	日本黑松叶蜂	松綠葉蜂

拉　丁　学　名	大　陆　名　称	台　灣　名　稱
Nezara viridula (Linnaeus)	绿椿象,稻绿蝽	綠椿象
Nilaparvata lugens (Stål)	褐飞虱,褐稻虱	褐飛蝨
Nipaecoccus filamentosus(Cockerell)	长尾堆粉蚧	球粉介殼蟲
Nippolachnus piri Matsumura	梨日本大蚜	梨綠蚜
Ochyrotica yanoi Arenberger = *Ochyrotica concursa* (Walsingham)	野氏坚羽蛾	甘藷鳥羽蛾
Odoiporus longicollis (Olivier)	香蕉长颈象	香蕉假莖象鼻蟲
Oligonychus coffeae (Nietner)	咖啡小爪螨	茶葉蟎
Omphisa anastomosalis Guenée	甘薯蠹野螟	甘藷螟蛾
Ophiomyia centrosematis (de Meijere)	豆秆蛇潜蝇	中點潛葉蠅
Ophiomyia phaseoli (Tryon)	菜豆蛇潜蝇	豆潛蠅
Oryctes rhinoceros (Linnaeus)	椰蛀犀金龟	椰子犀角金龜,台灣兜蟲
Oryzaephilus mercator (Fauvel)	商锯谷盗	貿易穀盜
Oryzaephilus surinamensis (Linnaeus)	锯谷盗	鋸胸粉扁蟲
Ostrinia furnacalis (Guenée)	亚洲玉米螟	亞洲玉米螟
Oulema oryzae (Kuwayama)= *Lema oryzae* Kuwayama	水稻负泥虫	負泥蟲
Palorus ratzeburgi Wissmann	姬拟粉盗	小眼擬穀盜,姬擬穀盜
Panonychus citri (McGregor)	柑橘全爪螨	柑橘葉蟎
Panonychus ulmi (Koch)	苹果全爪螨	歐洲葉蟎
Papilio demoleus Linnaeus	达摩凤蝶	無尾鳳蝶
Parlatoria pergandei Comstock	糠片盾蚧	黃點介殼蟲
Parlatoria proteus (Curtis)	黄片盾蚧	小長介殼蟲
Parlatoria zizyphis (Cucas)	黑片盾蚧	黑點介殼蟲
Patanga succincta (Linnaeus)	印度黄脊蝗,孟买蝗	條背土蝗
Paurocephala psylloptera Grawford	台湾桑木虱	台灣桑木蝨
Pealius mori (Takahashi) = *Trialeurodes mori* Takahashi	桑粉虱	台灣桑粉蝨
Pectinophora gossypiella (Saunders)	红铃虫	紅鈴蟲
Pentaolonia nigronervosa Conquerel	香蕉交脉蚜	香蕉蚜
Periphyllus koelreuteriae (Takahashi)	栾多态毛蚜	欒樹圓尾蚜
Periplaneta americana (Linnaeus)	美洲大蠊	美洲蜚蠊
Phalera flavescens (Bremer et Grey)	苹掌舟蛾	蘋天社蛾,黑紋天社蛾
Phyllocnistis citrella Stainton	橘潜蛾	柑橘潛葉蛾
Phyllocoptruta oleivora (Ashmead)	橘皱叶刺瘿螨	柑橘銹蟎
Phyllotreta striolata (Fabricius)	黄曲条菜跳甲	黃條葉蚤
Pieris canidia sodida Butler	东方菜粉蝶海南亚种	緣點粉蝶,台灣紋白蝶

拉 丁 学 名	大 陆 名 称	台 灣 名 稱
Pieris rapae crucivora Boisduvol	菜粉蝶台湾亚种	紋白蝶,普通紋白蝶
Pinnaspis aspidistrae (Signoret)	柑橘并盾蚧	黄介殼蟲
Pinnaspis theae (Maskell)	茶并盾蚧	茶細介殼蟲
Planococcus citri (Risso)	柑橘刺粉蚧	粉介殼蟲,柑橘粉介殼蟲
Planococoides chiponensis (Takahashi)= *Pseudococcus chiponesis* Takahashi	台湾牦粉蚧	根粉介殼蟲
Platypleura kaempferi (Fabricius)	螅蛄	蟬
Plodia interpunctella Hübner	印度谷斑螟	印度谷螟
Plusia agnata Staudinger	银纹夜蛾	大豆擬尺蠖
Plutella xylostella (Linnaeus)= *Plutella maculipennis* Curtis	小菜蛾,菜蛾	小菜蛾
Polistes hebraeus Fabricius	亚非马蜂	梨長腳蜂
Polyphagotarsonemus latus (Bank)	侧多食跗线螨	茄科細蟎,多食細蟎,茶細蟎
Prodenia litura (Fabricius)	斜纹夜蛾	斜紋夜蛾
Pryeria sinica Moore	黄杨斑蛾,大叶黄杨斑蛾	黄楊斑蛾
Pseudaonidia duplex (Cockerell)	蛇眼臀网盾蚧	山茶圓介殼蟲
Pseudaulacaspis pentagona (Targioni-Tozzetti)	桑拟轮蚧	桑介殼蟲,桃白介殼蟲
Pyralis farinalis Linnaeus	紫斑谷螟	粉縞螟蛾
Quadcaspidiotus perniciosus (Comstock) = *Aspidionus perniciosus* Comstock	梨笠盾蚧	梨圓介殼蟲
Recilia dorsalis (Motschulsky)= *Deltocephalus dorsalis* Motscbulsky	电光叶蝉	電光葉蟬
Rhipiphorothrips cruentatus Hood	腹突皱针蓟马,淡红皱纹蓟马	腹鉤薊馬,番石榴薊馬,蓮霧腹鉤薊馬
Rhizoglyphus robini Claparede	罗宾根螨	羅賓根蟎,唐菖蒲根蟎
Rhizoglyphus setosus Manson	长毛根螨	長毛根蟎
Rhizopertha dominica (Fabricius)	谷蠹	穀蠹
Rhodobium porosum (Sanderson)	蔷无网蚜	偽玫瑰蚜,玫瑰蚜蟲
Rhopalosiphum maidis (Fitch)	玉米蚜	玉米蚜,禾蚜
Rhopalosiphum padi (Linnaeus)	禾谷缢管蚜	稻麥蚜,小麥蚜
Rhynchocoris humeralis (Thunberg)	棱蝽,长吻蝽	角肩椿象
Rhynchophorus ferrugineus (Olivier)	亚洲棕榈象	椰子大象鼻蟲
Ricania speculam Walker	八点广翅蜡蝉	八點蠟蟬
Saissetia coffeae (Signoret)	咖啡盔蚧	半圓堅介殼蟲

拉 丁 学 名	大 陆 名 称	台 灣 名 稱
Saissetia hemisphaerica (Targioni-Tozzetti)	黑盔蚧	半圓介殼蟲
Scaphoideus festivus Matsumura	横带叶蝉	黄葉蟬
Schizaphis graminum (Rondani)	麦二叉蚜	麥二叉蚜
Schizaphis piricola (Matsumura)	梨二叉蚜	梨綠蚜
Scirpophaga excerptalis (Walker)	红尾白螟	白螟
Scirpophaga incertulas (Walker)= Schsenobius incertulas Walker	三化螟	三化螟
Scirpophaga nivella (Fabricius)	黄尾白禾螟	蔗螟,白螟蟲
Scirtothrips dorsalis Hood	茶黄蓟马,茶黄硬蓟马	茶黄薊馬,姬黄薊馬,花生小黄薊馬
Scotinophara lurida (Burmeister)	稻黑蝽	稻黑椿象
Sesamia inferens (Walker)	稻蛀茎夜蛾	大螟蟲
Shivaphis celti Das	朴绵叶蚜	樸樹蚜
Sinomegoura citricola (van der Goot)	樟修尾蚜	柑橘蚜
Sitobion ibarae (Matsumura) = *Macrosiphum rosaeibarae* Matsumura	蔷薇谷网蚜,蔷薇绿长管蚜	玫瑰蚜,月季蚜
Sitophilus oryzae (Linnaeus)	米象	米象
Sitophilus zeamais (Motschulsky)	玉米象	玉米象
Sitotroga cerealella Olivier	麦蛾	麥蛾
Sogatella furcifera (Horvath)	白背飞虱,白背稻虱	白背飛蝨
Spilonota lechriaspis Meyrick	芽白小卷蛾	蘋白捲葉蛾
Spodoptera exigua (Hübner)	甜菜夜蛾	甜菜葉蛾
Spodoptera litura (Fabricius)= *Prodenia litura* (Fabricius)	斜纹夜蛾	斜紋夜盜蟲
Stenchaetothrips biformis (Bagnall)	稻蓟马	稻薊馬
Steneotarsonemus furcatus De Leon	叉毛狭跗线螨	叉毛細蟎
Steneotarsonemus spinki Smiley	斯氏狭跗线螨	長毛細蟎,稻細蟎
Stephanitis typica (Distant)	香蕉冠网蝽	香蕉花編蟲
Sylepta derogata (Fabricius)	棉卷叶野螟	棉捲葉蛾,棉螟
Sylepta pernitescens Swinhoe	苎麻卷叶野螟	苧麻捲葉蛾
Tachardina theae Green et Mann	茶角胶蚧	瘤介殼蟲
Tenebroides mauritanicus (Linnaeus)	大谷盗	大穀盗
Tessaratoma papillosa Drury	荔蝽,荔枝蝽	荔枝椿象
Tetranychus cinnabarinus (Boisduval)	朱砂叶螨	赤葉蟎,花生紅葉蟎,菊花赤葉蟎
Tetranychus kanzawai Kishida	神泽叶螨	神澤葉蟎,大豆神澤氏葉蟎

拉 丁 学 名	大 陆 名 称	台 灣 名 稱
Tetranychus piercei McGregor	皮氏叶螨	皮氏葉螨,皮爾斯氏葉螨
Tetranychus truncatus Ehara	截形叶螨	偽二點葉螨
Tetranychus urticae Koch	二斑叶螨	二點葉螨
Tetroda histeroides (Fabricius)	角胸蝽	四劍蝽
Theretra alecto cretico (Boisduval)= *Theretra alecto* Linnaeus	斜纹后红天蛾	葡萄下紅天蛾
Thosea sinensis (Walker)	扁刺蛾	黑點刺蛾
Thrips hawaiiensis (Morgan)	黄胸蓟马	花薊馬,枇杷薊馬
Thrips palmi Karny	棕榈蓟马,节瓜蓟马	南黄薊馬
Thrips simplex (Morison)	唐菖蒲简蓟马	唐菖蒲薊馬
Thrips tabaci Lindeman	烟蓟马,棉蓟马,葱蓟马	葱薊馬
Tinea pellionella Linnaeus	袋谷蛾	衣蛾
Toxoptera aurantii (Boyer de Fonscolombe)	橘二叉蚜	小橘蚜
Toxoptera citricida (Kirkaldy)	橘蚜	大橘蚜
Toxoptera odinae (van der Goot)	芒果蚜	烏柏蚜
Triathaba mundella Walker	椰穗螟	椰子綴蛾
Tribolium castaneum (Herbst)	赤拟谷盗	擬穀盜
Tribolium confusum Jacquelin duVal	杂拟谷盗	扁擬穀盜
Trogoderma granarium Everts	谷斑皮蠹	小紅鰹節蟲
Tuberocephalus momonis (Matsumura)	桃瘤头蚜	桃錐尾蚜
Typhaea stercorea (Linnaeus)	毛蕈甲	黄色小蕈蟲
Uroleucon formosanum (Takahashi)	莴苣指管蚜	萵苣蚜,白尾紅蚜
Xyleborus fornicatus Eichhoff	茶材小蠹	小圓胸小蠹
Xylotrechus quadripes Chevrolat	灭字脊虎天牛	赤足棱額虎天牛
Zeuzera coffeae Nietner	咖啡豹蠹蛾	咖啡木蠹蛾,葡萄咖啡木蠹蛾

附录 2 大陆进境植物检疫害虫名录

大 陆 名 称	拉 丁 学 名
一类 1. 地中海实蝇	*Ceratitis capitata*（Wiedemann）
2. 菜豆象	*Acanthoscelides obtectus*（Say）
3. 墨西哥棉铃象	*Anthonomus grandis* Boheman
4. 棕榈象	*Rhynchophorus palmarum*（Linnaeus）
5. 咖啡果小蠹	*Hypothenemus hampei*（Ferrari）
6. 欧洲榆小蠹	*Scolytus multistriatus*（Marsham）
7. 谷斑皮蠹	*Trogoderma granarium* Everts
8. 马铃薯甲虫	*Leptinotarsa decemlineata*（Say）
9. 苹果蠹蛾	*Laspeyresia pomonella*（Linnaeus）
10. 松突圆蚧	*Hemiberlesia pitysophila* Takagi
二类 11. 高粱瘿蚊	*Contarinia sorghicola*（Coquillett）
12. 黑森瘿蚊	*Mayetiola destructor*（Say）
13. 南美按实蝇	*Anastrepha fraterculus*（Wiedemann）
14. 墨西哥按实蝇	*Anastrepha ludens*（Loew）
15. 西印度按实蝇	*Anastrepha obliqua*（Macquart）
16. 加勒比按实蝇	*Anastrepha suspensa*（Loew）
17. 澳洲果实蝇	*Bactrocera*（*Afrodacus*）*jarvisi*（Tryon）
18. 黄瓜果实蝇	*Bactrocera*（*Austrodacus*）*cucumis*（French）
19. 蒲桃果实蝇	*Bactrocera*（*Bactrocera*）*albistrigata*（de Meijere）
20. 番荔枝果实蝇	*Bactrocera*（*Bactrocera*）*aquilonis*（May）
21. 番石榴果实蝇	*Bactrocera*（*Bactrocera*）*correcta*（Bezzi）
22. 橘小实蝇	*Bactrocera*（*Bactrocera*）*dorsalis*（Hendel）
23. 汤加果实蝇	*Bactrocera*（*Bactrocera*）*fascialis*（Coquillett）
24. 单带果实蝇	*Bactrocera*（*Bactrocera*）*frauenfeldi*（Schiner）
25. 柯氏果实蝇	*Bactrocera*（*Bactrocera*）*kirki*（Froggatt）
26. 辣椒果实蝇	*Bactrocera*（*Bactrocera*）*latifrons*（Hendel）
27. 库克果实蝇	*Bactrocera*（*Bactrocera*）*melanota*（Coquillett）
28. 香蕉果实蝇	*Bactrocera*（*Bactrocera*）*musae*（Tryon）
29. 褐肩果实蝇	*Bactrocera*（*Bactrocera*）*neohumeralis*（Hardy）
30. 芒果实蝇	*Bactrocera*（*Bactrocera*）*occipitalis*（Bezzi）
31. 斐济果实蝇	*Bactrocera*（*Bactrocera*）*passiflorae*（Froggatt）

大 陆 名 称	拉 丁 学 名
32. 新喀里多尼亚果实蝇	*Bactrocera*（*Bactrocera*）*psidii*（Froggatt）
33. 巴布亚新几内亚果实蝇	*Bactrocera*（*Bactrocera*）*trivialis*（Drew）
34. 昆士兰果实蝇	*Bactrocera*（*Bactrocera*）*tryoni*（Froggatt）
35. 短尾果实蝇	*Bactrocera*（*Bactrocera*）*tuberculata*（Bezzi）
36. 面包果实蝇	*Bactrocera*（*Bactrocera*）*umbrosa*（Fabricius）
37. 桃果实蝇	*Bactrocera*（*Bactrocera*）*zonata*（Saunders）
38. 油橄榄果实蝇	*Bactrocera*（*Daculus*）*oleae*（Gmelin）
39. 异颜果实蝇	*Bactrocera*（*Hemigymnadacus*）*diversa*（Coquillett）
40. 黄条果实蝇	*Bactrocera*（*Notodacus*）*xanthodes*（Broun）
41. 新不列颠果实蝇	*Bactrocera*（*Paradacus*）*decipiens*（Drew）
42. 南瓜果实蝇	*Bactrocera*（*Paradacus*）*depressa*（Shiraki）
43. 普通果实蝇	*Bactrocera*（*Zeugodacus*）*caudata*（Fabricius）
44. 瓜实蝇	*Bactrocera*（*Zeugodacus*）*cucurbitae*（Coquillett）
45. 南亚果实蝇	*Bactrocera*（*Zeugodacus*）*tau*（Walker）
46. 蜜柑大实蝇	*Bactrocera*（*Tetradacus*）*tsuneonis*（Miyake）
47. 葫芦寡鬃实蝇	*Dacus*（*Dacus*）*bivittatus*（Bigot）
48. 埃塞俄比亚寡鬃实蝇	*Dacus*（*Didacus*）*ciliatus* Loew
49. 西瓜寡鬃实蝇	*Dacus*（*Didacus*）*vertebratus* Bezzi
50. 苹绕实蝇	*Rhagoletis pomonella*（Walsh）
51. 椰心叶甲	*Brontispa longissima*（Gestro）
52. 椰子缢胸叶甲	*Promecotheca cumingii* Baly
53. 鹰嘴豆象	*Callosobruchus analis*（Fabricius）
54. 灰豆象	*Callosobruchus phaseoli*（Gyllenhal）
55. 稻水象甲	*Lissorhoptrus oryzophilus* Kuschel
56. 白缘象	*Graphognathus leucoloma*（Boheman）
57. 剑麻象甲	*Scyphophorus interstitialis* Gyllenhal
58. 芒果果肉象	*Sternochetus frigidus*（Fabricius）
59. 芒果果核象	*Sternochetus mangiferae*（Fabricius）
60. 芒果果实象	*Sternochetus olivieri*（Faust）
61. 巴西豆象	*Zabrotes subfasciatus*（Boheman）
62. 西部松大小蠹	*Dendroctonus brevicomis* LeConte
63. 中欧山松大小蠹	*Dendroctonus ponderosae* Hopkins
64. 美洲榆小蠹	*Hylurgopinus rufipes*（Eichhoff）
65. 欧洲大榆小蠹	*Scolytus scolytus*（Fabricius）
66. 双钩异翅长蠹	*Heterobostrychus aequalis*（Waterhouse）
67. 大谷蠹	*Prostephanus truncatus*（Horn）

二
类

	大 陆 名 称	拉 丁 学 名
二类	68. 日本金龟子	*Popillia japonica* Newman
	69. 美国白蛾	*Hyphantria cunea*（Drury）
	70. 咖啡纹潜蛾	*Leucoptera coffeella* Guerin-Menville
	71. 小蔗杆草螟	*Diatraea saccharalis*（Fabricius）
	72. 可可褐盲蝽	*Sahlbergella singularis* Haglund
	73. 葡萄根瘤蚜	*Viteus vitifolii*（Fitch）
	74. 大家白蚁	*Coptotermes curvignathus* Holmgren
其他植物检疫危险性害虫	1. 咖啡旋皮天牛	*Acalolepta cervina*（Hope）
	2. 紫穗槐豆象	*Acanthoscelides pallidipennis* Motschulsky
	3. 咖啡豆象	*Araecerus fasciculatus*（De Gree）
	4. 豌豆象	*Bruchus pisorum*（Linnaeus）
	5. 蚕豆象	*Bruchus rufimanus* Boheman
	6. 四纹豆象	*Callosobruchus maculatus*（Fabricius）
	7. 柠条豆象	*Kytorhinus immixtus* Motschulsky
	8. 杨干象	*Cryptorhynchus lapathi*（Linnaeus）
	9. 甘薯小象甲	*Cylas formicarius* Fabricius
	10. 谷象	*Sitophilus granarius*（Linnaeus）
	11. 米象	*Sitophilus oryzae*（Linnaeus）
	12. 苹果小吉丁虫	*Agrilus mali* Matsumura
	13. 橘大实蝇	*Bactrocera*（Tetradacus）*minax*（Enderlein）
	14. 南美斑潜蝇	*Liriomyza huidobrensis*（Blanchard）
	15. 美洲斑潜蝇	*Liriomyza sativae* Blanchard
	16. 三叶草斑潜蝇	*Liriomyza trifolii*（Burgess）
	17. 苜蓿广肩小蜂	*Bruchophagus roddi* Gussakorskii
	18. 落叶松种子小蜂	*Eurytoma laricis* Yano
	19. 黄连木种子小蜂	*Eurytoma plotnikovi* Nikolskaya
	20. 梨潜皮细蛾	*Acrocercops astaurota* Meyrick
	21. 苹果透翅蛾	*Conopia hector* Butler
	22. 白杨透翅蛾	*Paranthrene tabaniformis* Rott
	23. 马铃薯块茎蛾	*Phthorimaea operculella*（Zeller）
	24. 桑蟥	*Rondotia menciana* Moore
	25. 芽白小卷蛾	*Spilonota lechriaspis* Meyrick
	26. 苹果绵蚜	*Eriosoma lanigerum*（Hausmann）
	27. 柳蛎盾蚧	*Lepidosaphes salicina*（Borchs）
	28. 日本松干蚧	*Matsucoccus matsumurae*（Kuwana）
	29. 柑橘粉蚧	*Planococcus citri*（Risso）
	30. 杨笠圆粉蚧	*Quadraspidiotus gigas*（Thiem et Gerneck）

附录3 台湾输入植物或植物产品检疫规定害虫名录

	台 湾 名 称	拉 丁 学 名
甲类 禁止输入部分	1. 甘藷象鼻蟲	*Euscepes postfasciatus* Fairmaire
	2. 地中海果實蠅	*Ceratitis capitata*（Wiedemann）
	3. 檬果種子象鼻蟲	*Sternochetus mangiferae*（Fabricius）
	4. 檬果象鼻蟲	*Cryptorrhynchus gravis* Fabricius
	5. 柑橘大實蠅	*Bactrocera minax*（Enderlein）
	6. 桃果實蠅	*Bactrocera zonata*（Saunders）
	7. 甜瓜實蠅	*Dacus ciliatus* Loew
	8. 番石榴果實蠅	*Bactrocera correcta*（Bezzi）
	9. 楊桃果實蠅	*Bactrocera carambolae* Drew et Hancock
	10. 木瓜果實蠅	*Bactrocera papayae* Drew et Hancock
	11. 菲律賓果實蠅	*Bactrocera philippinensis* Drew et Hancock
	12. 印度果實蠅	*Bactrocera caryeare*（Kapoor）
	13. 斯里蘭卡果實蠅	*Bactrocera kandiensis* Drew et Hancock
	14. 梨果實蠅	*Bactrocera pyrifoliae* Drew et Hancock
乙类 有条件输入部分	1. 蘋果蠹蛾	*Cydia pomonella*（Linnaeus）
	2. 蘋果果實蠅	*Rhagoletis pomonella*（Walsh）
	3. 墨西哥果實蠅	*Anastrepha ludens*（Loew）
	4. 西印度果實蠅	*Anastrepha obliqua*（Macquart）
	5. 昆士蘭果實蠅	*Bactrocera tryoni*（Froggatt）
	6. 南美果實蠅	*Anastrepha fraterculus*（Wiedemann）
	7. 馬鈴薯蠹蛾	*Phthorimaea operculella*（Zeller）
	8. 柯羅拉多金花蟲	*Leptinotarsa decemlineata*（Say）
	9. 李象鼻蟲	*Conotrachelus nenuphar*（Herbst）
	10. 白緣粗吻象鼻蟲	*Graphognathus leucoloma* Boheman
	11. 桃芽蛾	*Anarsia lineatella* Zeller
	12. 箭頭介殼蟲	*Unaspis yanonensis*（Kuwana）
	13. 黑胸柑橘金花蟲	*Throscoryssa citri* Maulik
	14. 西方花薊馬	*Frankliniella occidentalis*（Pergande）
	15. 黑果實蠅	*Anastrepha serpentina* Wiedemann

附录4 大陆保育昆虫种类名单

双尾目 Diplura
  铗虬科 Japygidae
    1. 伟铗虬 *Atlasjapyx atlas* Chou et Huang 2级
蜻蜓目 Odonata
  箭蜓科 Gomphidae
    2. 尖板曦箭蜓 *Heliogomphus retroflexus*（Ris） 2级
    3. 宽纹北箭蜓 *Ophiogomphus spinicorne* Selys 2级
缺翅目 Zoraptera
  缺翅虫科 Zorotypidae
    4. 中华缺翅虫 *Zorotypus sinensis* Huang 2级
    5. 墨脱缺翅虫 *Zorotypus medoensis* Huang 2级
蛩蠊目 Grylloblattodea
  蛩蠊科 Grylloblattidae
    6. 中华蛩蠊 *Galloisiana sinensis* Wang 1级
鞘翅目 Coleoptera
  步甲科 Carabidae
    7. 拉步甲 *Carabus*（*Coptolabrus*）*lafossei* Feisthamel 2级
    8. 硕步甲 *Carabus*（*Aptopterus*）*davidi* Deyrolle et Fairmaire 2级
  臂金龟科 Euchiridae
    9. 彩臂金龟 *Cheirotonus* spp. 2级
  犀金龟科 Dynastidae
    10. 叉犀金龟 *Allomyrina davidis*（Deyrolle et Fairmaire） 2级
鳞翅目 Lepidoptera
  凤蝶科 Papilionidae
    11. 金斑喙凤蝶 *Teinopalpus aureus* Mell 1级
    12. 双尾褐凤蝶 *Bhutanitis mansfieldi*（Riley） 2级
    13. 三尾褐凤蝶 *Bhutanitis thaidina dongchuanensis* Blanchard 2级
    14. 中华虎凤蝶 *Leuhdorfia chinensis huashanensis* Lecch 2级
  绢蝶科 Parnassidae
    15. 阿波罗绢蝶 *Parnassius apollo*（Linnaeus） 2级

附录5 台湾保育昆虫种类名单

蜻蜓目 Odonata
 钩蜓科 Cordulegasteridae
  1. 無霸鉤蜓 *Anotogaster sieboldii*（Selys） 2 级
直翅目 Orthoptera
 螽斯科 Tettigonidae
  2. 闌嶼大葉螽斯 *Phyllophorina kotoshoensis* Shiraki 2 级
竹節蟲目 Phasmida
 竹節蟲科 Phasmidae
  3. 津田氏大頭竹節蟲 *Megacrania tsudai* Shiraki 2 级
同翅目 Homoptera
 蟬科 Cicadidae
  4. 台灣爺蟬 *Formotosema siebohmi*（Distant） 2 级
 蠟蟬科 Fulgoridae
  5. 渡邊氏長吻白蠟蟲 *Pyrops watarabei*（Motsumura） 2 级
鞘翅目 Coleoptera
 步行蟲科 Carabidae
  6. 台灣食蝸步行蟲 *Carabus*（*Damaster*）*blaptoides hanae* Chu 2 级
  7. 台灣擬食蝸步行蟲 *Carabus*（*Coptolabrus*）*nankotaizanus* Kano 2 级
 吉丁蟲科 Buprestidae
  8. 妖艷吉丁蟲 *Cypriacis mirabilis*（Kurosawa） 2 级
 叩甲科 Elateridae
  9. 彩虹叩頭蟲 *Campsosternus watanabei* Miwa 2 级
 金龜子科 Scarabaeidae
  10. 台灣長臂金龜 *Cheirotonus macleayi formosanus* Ohaus 2 级
 鍬甲科 Lucanidae
  11. 台灣大鍬形蟲 *Dorcus formosanus* Miwa 2 级
  12. 長角大鍬形蟲 *Dorcus schenklingi* Möllenkamp 2 级
 天牛科 Cerambycidae
  13. 霧社血斑天牛 *Aeolesthes oenochrous*（Fairmaire） 2 级
鱗翅目 Lepidoptera
 鳳蝶科 Papilionidae
  14. 珠光鳳蝶 *Troides magellanus* Felder et Felder 1 级
  15. 黃裳鳳蝶 *Troides aeacus formosanao*（Rothschild） 2 级

16. 寬尾鳳蝶　*Agehana maraho*（Shiraki et Sonan）　1 级

17. 曙鳳蝶　*Atrophaneura horishana*（Matsumura）　2 级

蛺蝶科　Nymphalidae

18. 大紫蛺蝶　*Sasakia charonda formosana*（Shirôzu）　1 级